AF252759

DU MÊME AUTEUR.

L'Incubation artificielle et la basse-cour.
Jolie brochure illustrée de 55 gravures (21e
édition). 3,50

Le Dressage du chien d'arrêt. Cours complet
de dressage au rapport, à l'aplatissement et en
chasse. — Illustré. . . . . 3. »

Les Braconniers. Étude avec illustrations de
toutes les méthodes de braconnage pour gros
et petit gibier. . . . . 3. »

TYPOGRAPHIE FIRMIN-DIDOT ET Cie. — MESNIL (EURE).

LES MOIS AVICOLES

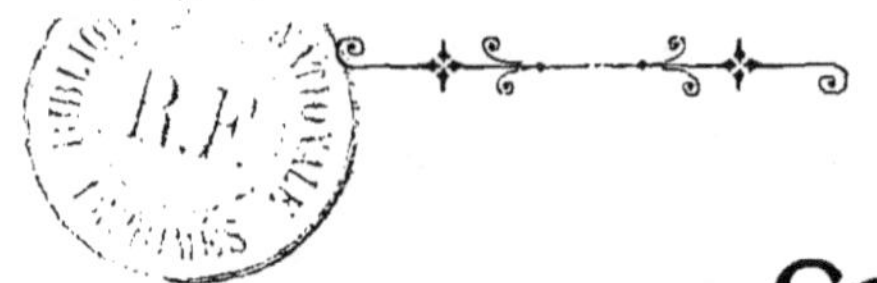

Couvées
Cours pratique d'Incubation

Élevage

Guide des
Croisements rationnels

PAR

HENRI VOITELLIER

PARIS (VIe)

LIBRAIRIE VIC ET AMAT
CHARLES AMAT, ÉDITEUR
11, Rue Cassette, 11

LES MOIS AVICOLES

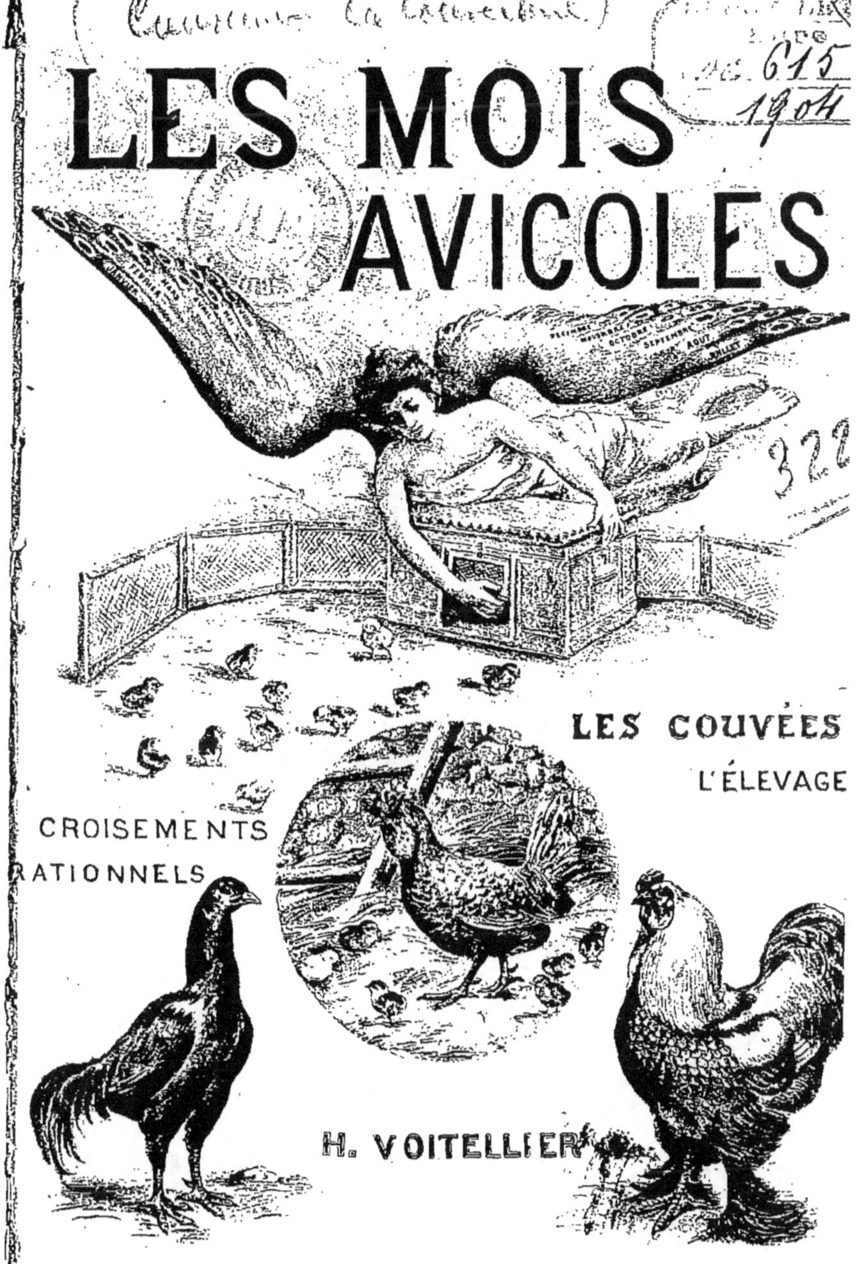

Les mois avicoles

PRÉFACE

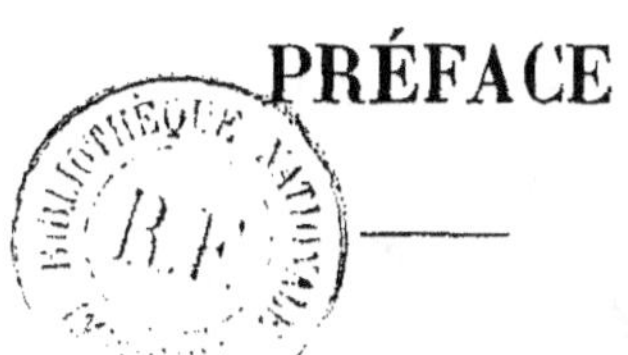

Si l'aviculture est une science et même une science très complexe, il est un fait assez curieux à noter, c'est que jamais un aviculteur n'est entré dans la carrière préalablement muni d'un bagage de docteur ès science avicole. Avant de devenir avocat, médecin, ingénieur, architecte, agriculteur, on consacre de longues années aux études spéciales et on n'aborde la profession que porteur de toute l'expérience des plus illustres devanciers.

En aviculture, il en est tout autrement : le goût, l'amour du métier, la passion se déclarent tout à coup, en sorte de coup de foudre, au retour d'une exposition, au cours d'une visite chez un grand amateur ou dans un établissement spécial en vogue, et on s'improvise aviculteur tout d'abord ; on s'installe, on s'organise, on étudiera ensuite.

L'étude ainsi faite ne peut guère être classique ni abstraite. Il y a urgence, pour le néophyte, à tout apprendre à la fois, à trouver, séance tenante, une solution à tous les problèmes nouveaux qui se présentent chaque jour à son attention. Il n'a nul besoin, au moment où va éclore une couvée, de connaître les diverses phases de l'évolution de l'embryon dans l'œuf, depuis le premier jusqu'au vingt et unième jour; il lui faut savoir ce qu'il va faire de cette poule, de ces poussins, aussitôt nés, ce qu'il en fera plus tard. Ce n'est pas en des livres techniques que se trouvent les renseignements qu'il cherche. Son rêve serait d'avoir une conversation à bâtons rompus avec quelqu'un s'étant trouvé dans le même cas, mais plus avancé de quelques années et ayant acquis une certaine expérience.

On voudrait apprendre, savoir beaucoup, tout savoir même, sans étudier. L'aviculture est, semble-t-il, une occupation trop attrayante en soi, pour en gâter le charme par le labeur ingrat d'une compilation de tous les auteurs spéciaux et d'une analyse de volumineux traités.

Pour répondre à ce sentiment tout particulier des aviculteurs, j'ai condensé sous une forme aussi succincte et aussi claire que possible, les résultats de toutes les observations et de toutes les expériences que j'ai pu faire au cours de trente années de pratique avicole.

J'ai classé, dans un ordre correspondant à celui des douze mois de l'année, tous les faits intéressants constituant un cours absolument complet et pratique à la fois de tous les devoirs de l'aviculteur et, pour celui qui désirerait des documents plus précis, plus détaillés, rentrant dans le genre de ceux qu'il aurait pu se procurer dans une école spéciale, j'ai ajouté aux *Mois avicoles* un *Cours pratique d'incubation et d'élevage*. Enfin, résumant mes études sur les races de poules indigènes et exotiques que j'ai toutes cultivées, j'ai établi un *Guide des croisements rationnels*, qui permettra, dans toutes les contrées, d'améliorer la production.

Je n'ai pas la prétention d'avoir fait une œuvre scientifique, mais un petit livre qui, je l'espère, pourra instruire quelques débutants, tout en les intéressant. Mes vœux seraient dépassés, si, lu par quelques profanes, il éveillait en eux le goût de l'aviculture.

Henri VOITELLIER.

LES MOIS AVICOLES

JANVIER

Le premier devoir de l'aviculteur, en toute saison, est de travailler pour l'avenir : toujours il doit voir six mois devant lui. De même que, sans interruption, les jours s'écoulent et les saisons se succèdent, de même la nature sans cesse en travail remplace une production par une autre, et l'aviculteur, dont le rôle est de diriger cette production, n'a pas un instant à perdre pour que le mouvement s'enchaîne avec régularité. Dès janvier, il importe de penser aux poulets qui, vers fin avril, devront venir en primeurs sur le marché et se vendre un prix deux fois plus élevé que ceux qui se présenteront trois mois plus tard. Il est à prévoir que les poussins des grandes races exotiques, tels que Cochinchinois, Brahma, Langshan et analogues, dont le développement est assez lent, ont besoin, pour atteindre leur maximum de taille et d'ampleur, de naître dans le courant ou au plus tard à la fin de février et que ceux-là seuls auront quelques chances de succès dans les expositions d'automne. — Que si la perspective d'une médaille ou d'un diplôme n'est pas le but unique de l'élevage, il reste encore à songer à la vente, qui sera d'autant plus facile à réaliser à des conditions plus avantageuses que les produits seront plus réussis et susceptibles d'être achetés en vue des concours. Car, en somme, du moment qu'il s'agit de volailles de race pure, que ce soit directement ou indirectement, l'exposition est l'objectif et le but final ; dans les rêves de tout aviculteur, il y a toujours une médaille qui sonne et, dans le lointain, à l'horizon, un bout de ruban qui flotte.

Il importe donc, dès le mois de janvier, de donner aux représentants de ces grandes races d'Orient, tout le confort possible comme habitat et comme nourriture, pour obtenir des œufs en assez grand nombre et des œufs fécondés, non sans avoir préalablement procédé à la plus sévère sélection. Là est le point capital de l'élevage, en vertu de ce principe fondamental que, dans l'accouplement, les qualités ordinaires se fondent, les qualités exceptionnelles s'additionnent et les défauts se multiplient; ce qui équivaut à dire qu'un mâle et une femelle bons tous deux donneront un produit également bon, mais ni meilleur, ni inférieur; — excellents tous deux, le produit leur sera un peu supérieur ; si tous deux sont défectueux, le produit sera sensiblement inférieur et plus mauvais que chacun d'eux individuellement. Ce principe admis, il ne reste qu'à posséder une connaissance suffisante de chaque race pour faire une sélection judicieuse. A cette fin les descriptions données depuis de longues années dans les journaux et traités spéciaux, notamment dans *l'Aviculteur*, sont le guide le plus sûr et le plus pratique.

Quelle que soit la valeur de la basse-cour, que sa fondation soit récente ou ancienne, qu'elle ait été constituée un peu au hasard, ou bien avec les plus célèbres lauréats des expositions, l'obligation de procéder à l'opération de la sélection n'est pas moindre. Même dans un lot de cinquante sujets provenant tous directement d'un coq et de six poules, prix d'honneur au plus grand concours de l'année précédente, on ne retrouvera pas plus de six poules, nous ne dirons pas parfaites, la perfection n'existant pas, surtout dans les animaux domestiques, mais se rapprochant de la perfection et du type idéal. Celles-là seules sont dignes de reproduire pour maintenir la race à son niveau. Avec les autres, si légers que soient leurs défauts, si peu sensible que soit la différence de leur forme et de leur plumage avec ceux des élues, il y aurait fatalement dégénérescence.

Et, pour le lot sélectionné qu'il est indispensable d'isoler, ce n'est pas un petit parquet de quelques mètres carrés clos en grillage dans un coin de la cour, qu'il convient de lui réserver, mais bien le parc le plus spacieux, le plus confortable, le mieux exposé de toute la maison. C'est de lui qu'on attend les meilleurs produits, il n'est que juste de lui donner les meilleurs soins.

Pour l'habitat, deux écueils principaux à éviter : l'humidité et le vent; la question de chaleur est de second ordre. Bien qu'originaires des pays où la gelée est inconnue, les poules d'Extrême-Orient, très chargées de plumes, à peau épaisse, généralement grasses à cette saison, souffrent moins du froid que nos poules de races indigènes; la boue et l'humidité, dans les longues et épaisses plumes de leurs pattes, sont pour elles une bien plus grande souffrance qui les empêche de pondre et surtout qui entrave les coqs dans leur œuvre de fécondation. — Or, en vue des couvées, autant vaudrait n'avoir pas d'œufs que de les avoir non fécondés. Pour cela, un coq dans sa deuxième année sera préférable au jeune, qui ne peut avoir, à cette saison, que neuf ou dix mois au maximum, qui, le plus souvent, n'en a que sept ou huit et, en dépit de toutes les preuves d'ardeur et de vitalité qu'il donne, n'est pas encore complètement adulte et manque de l'expérience et de la maturité nécessaires pour remplir correctement la délicate mission qui lui est confiée. Puis il est un fait qui pourrait s'expliquer zootechniquement, mais que bien plus simplement l'expérience démontre, c'est que, dans des conditions analogues et soumis au même régime, les poussins provenant d'un coq de deux ans s'élèvent plus facilement que ceux d'un coq de l'année. — Ne pas conclure de cette observation que les jeunes coqs seront impitoyablement éliminés de la reproduction. Entre un bon de six mois et un mauvais de deux ans, il n'y a pas à hésiter; c'est le choix du jeune qui s'impose, mais si l'on en possède deux d'égal mérite à sa disposition, le vieux est certainement préférable.

Quant à la nourriture pour provoquer la ponte, le premier **point** est **d'exclure** les **pâtées**, surtout li-

quides, fussent-elles données chaudes, ce qui est con-
seillé par bien des amateurs n'arrivant, avec ce système, qu'à manger en janvier des œufs conservés. Le
seul cas où la pâtée soit admissible, en petite quantité toutefois, c'est quand elle sert de véhicule au
sang cuit, conservé en boîtes de fer-blanc. Un repas
de ce sang haché fin sur une couche de farine de
maïs, formant des sortes de granules, constitue un
excellent aliment tonique et excitant à la fois. A part
cela, du grain : avoine, sarrasin, maïs, dary et des
feuilles de choux à vaches que l'on peut avoir à discrétion en ce moment; — à défaut de choux, et
même, en supplément, une betterave coupée en deux
et accrochée au grillage du poulailler.

Avec ce régime on pourra mettre à couver fin janvier ou commencement de février des œufs dont on
aura toute satisfaction.

Le moment est aussi venu de procéder à la sélection des autres races françaises, anglaises, belges,
dont on ne fera couver les œufs qu'en mars-avril.
Les élèves de l'année sont suffisamment formés pour
que le choix soit facile, mais, en faisant ce choix, ne
jamais perdre de vue que plus la sévérité aura été
grande, plus le nombre des reproducteurs conservés
sera restreint, plus la production prochaine sera
bonne. — Ce n'est pas seulement à l'œil que se fera le
choix, mais à la main. — Les pattes, le bec, les reins,
le dos, l'estomac, les plumes de second rang, tout
successivement subira un examen minutieux, afin
qu'un bec de travers, un doigt mal attaché, des reins
ronds, une épine dorsale saillante, un bréchet tordu ne
puissent passer inaperçus. Ce n'est qu'après cet exa-

men complémentaire à celui de son plumage, de sa forme, de son ampleur et de sa tenue générale, que le poulet destiné à la basse-cour de reproduction peut être définitivement élu. — Donner un signalement du coq à choisir comme étalon, n'est pas chose facile : ce qui, pour une race est une qualité, devient un défaut pour l'autre, et ce n'est qu'après étude approfondie des standards et des descriptions établis par des auteurs compétents, qu'après un examen comparatif des lauréats dans les principales expositions, après enfin être arrivé au point où il est permis de se dire connaisseur, que l'on peut se livrer seul au choix d'un coq reproducteur ; sinon mieux vaut avoir recours à l'avis d'un spécialiste.

Ce sont surtout les défauts constitutionnels qu'il convient d'éviter, car ceux-ci se reproduisent infailliblement : par exemple le rein bombé (ce qu'on désigne communément en disant : ce coq est bossu) entraînant presque toujours le port de la queue de côté ou trop droite comme la porte un écureuil, l'os de l'estomac ou bréchet tordu (autre caractère du bossu) — les jarrets en dedans et arrivant presque à se toucher — un, deux doigts de la patte de travers — les deux mandibules du bec ne s'appliquant pas exactement l'une sur l'autre — enfin toutes formes diverses du rachitisme, qui se transmettent à la descendance.

Les qualités primordiales à rechercher sont : la vigueur et la santé, manifestées par un plumage brillant, un œil vif, une crête bien rouge — la régularité et la bonne proportion du squelette ; rein et dos plats, bréchet droit, jambes bien d'aplomb, queue bien

attachée, poitrine large, forte ossature. — Dans toute
race cultivée en vue du produit et autrement que pour
le charme du plumage et des formes, la grosseur des
pattes, la force du bec, indices extérieurs d'une char-

Type de coq reproducteur bien-proportionné.

pente solide, sont à prendre en grande considération.
En dépit de l'assertion de certains théoriciens pré-
tendant que la viande seule est consommée et non les
os, que l'important, pour les animaux de produit, est
de fournir beaucoup de viande et peu d'os et que,

par conséquent, tous les efforts de l'éleveur doivent
tendre à diminuer la carcasse et à augmenter les
muscles, nous soutiendrons qu'il n'est pas possible
de porter un gros édifice sur une petite charpente,
et que si l'on veut un gros animal, fournissant un
gros poids de viande et de graisse, il lui faut de gros
membres et qu'un poulet qui a de grosses pattes arrivera toujours, à égalité d'entretien, d'âge et d'engraissement, à peser plus lourd et à rapporter davantage, même, abstraction faite du rapport brut,
à fournir une plus grande quantité de viande co-
mestible, que celui dont l'ossature aura été plus fine.

*
* *

Il ne reste à s'occuper, et ceci est le plus urgent,
que des couvées qui amèneront les premiers poulets
sur le marché. Ici, moins de sélection minutieuse.
Toutefois, la taille, la santé, la vigueur surtout sont
à prendre en grande considération, car de la vigueur
des reproducteurs dépend le succès de l'élevage toujours difficile en hiver. La race commune de Faverolles, puis les Mantes, ou bien encore les croisements de Brahma avec les diverses races françaises [1]
sont celles qui se prêtent le mieux à ces couvées pré-
coces et qui donneront les poussins les meilleurs pour
être soumis à l'engraissement forcé avant l'âge de
trois mois. Les mêmes soins d'hygiène et de nourriture que ceux prodigués aux sujets de race pure

1. Voir, pour plus amples renseignements sur ce sujet, le chapitre
spécial des croisements rationnels.

seront amplement rémunérés le jour de l'apport au marché, et ce ne seront pas les éleveurs qui auront le plus dépensé pour nourrir leurs poules, au cours de l'hiver, pour leur donner tout le confort voulu dans le poulailler, qui réaliseront le moindre bénéfice.

En composant les parquets de reproducteurs, il est intéressant de savoir, suivant l'emploi qui devra être fait des produits qu'on espère en obtenir, s'il sera plus avantageux d'avoir des coquelets ou des poulettes en majorité. — En vue du marché ce sont les coquelets, en vue de la ponte ce sont les poulettes. — Dans l'élevage de bien des races pures, notamment dans celles à plumage nettement dessiné, où du choix des coqs et des poules dépend la plus ou moins grande perfection du dessin des plumes des uns ou des autres, il est de la plus grande importance que tel parquet donne des coqs, tel autre des poules.

La plupart du temps le hasard fait naître des mâles où l'on aurait voulu des femelles et réciproquement. Si l'on avait une donnée certaine pour la production des sexes, ces mécomptes seraient évités et le perfectionnement des races et de leurs variétés irait progressant avec une rapidité encore inconnue.

Nous avons déjà fait, dans la recherche de la formule capable de donner satisfaction à ce desideratum, une longue série d'expériences depuis trente ans et, malgré cela, nous n'osons pas encore rien affirmer. La vie d'un homme est insuffisante pour arracher à la nature tous ses secrets; il faut plus que du temps, il faut l'effort d'une quantité d'hommes réunis de façon à multiplier les études et les observations à l'infini, et, à la longue, une formule finit par se déduire de l'ensemble, qui paraît d'autant plus simple qu'elle a été plus difficile à trouver. Que tous nos confrères en aviculture fassent, chacun de son côté, au moment où la saison commence, des expériences sur les quelques données que nous allons leur soumettre, et la solution du problème sera peut-être bientôt trouvée.

Nous croyons, jusqu'à présent, pouvoir poser ce projet d'axiome :

1° Qu'un vieux coq avec des jeunes poules donne des poulettes en majorité ;

2° Qu'un jeune coq avec de vieilles poules donne des coquelets en majorité.

Ceci en vertu de ce principe que l'influence du plus vigoureux des deux auteurs prédomine dans la procréation des sexes, et ce principe, en l'appliquant par extension, ramène à cette théorie généralement admise en zootechnie et même dans la physiologie humaine, de la constitution du sexe par la fécondation prématurée ou tardive de la grappe ovarienne. — Cette grappe se présentant sous une forme différente, mais dans des conditions analogues, aussi bien chez les ovipares que chez les vivipares, sa fécondation prématurée, c'est-à-dire au début de sa formation ou de son apparition avant sa complète maturité, moment caractérisé par le feu, rut ou chaleur, chez tous les animaux, oiseaux ou mammifères, produirait des femelles. Au contraire, la fécondation tardive, le rut passé ou s'atténuant, la grappe ovarienne ayant atteint toute sa maturité, s'opérerait dans des conditions plus régulières et produirait un être supérieur et plus parfait, le mâle.

Tout ceci, dira-t-on, a peu de rapports avec les coqs
et les poules qui nous occupent. Pourtant l'application exacte de cette théorie peut être faite aux gallinacés et semble justifier en tous points l'aphorisme
proposé plus haut : Chez des poules déjà âgées, la ma-
nifestation du rut, la mise en feu, se fait sentir plus
tardivement que chez les poulettes, au moment où la
grappe ovarienne offre plus de maturité : le jeune
coq, qui est avec elles, maladroit souvent, dans son
empressement exagéré, ne féconde pas toujours dès
le début, et la fécondation n'a lieu que plus tard, au
moment de la maturité complète ; d'où production de
mâles.

Au contraire, chez les poulettes, les symptômes
de chaleur se manifestent plus hâtivement, et le
vieux coq, plus expert, féconde à coup sûr, dès le
premier accouplement : d'où fécondation au début
de la présentation de la grappe et production de
femelles.

Dans les campagnes, les bonnes femmes attri-
buent à la lune la puissance de procréation des
sexes, suivant qu'elle est en cours ou en décours.
Il y a bien en effet une question de cours et de décours, puisqu'il s'agit du jeu d'un organisme dont
la rotation est régulière, mais la lune se contente
d'assister impassible, du haut de son trône céleste,
à toutes ces évolutions, et son rôle se borne à éclairer
parfois la scène, mais sans jamais y prendre part.

Maintenant que nous avons ouvert la voie, nous
invitons les éleveurs à multiplier les expériences.
Elles sont faciles à faire, et leurs résultats seront
précieux pour tous.

*
* *

Enfin c'est à fin janvier (le 20 exactement d'après
le programme officiel), que les amateurs doivent
dresser leur déclaration pour le grand Concours
Général de Paris, et surtout, à partir de ce moment,
préparer leurs champions : choix judicieux, isolement, toilette, nourriture, hygiène, exercice de tenue,
constituent une véritable science, dont l'application
quotidienne s'imposera pendant six semaines. C'est
aux docteurs en cette science que sont réservés les
lauriers du concours.

FÉVRIER

Février pourrait être dénommé le grand mois de l'aviculture. Tout donne à la fois : la ponte, les couvées, les grandes expositions. Toutes les espèces sont en pleine période de reproduction : poules, canards, oies, pigeons, lapins. Et cela n'est pas une des moindres difficultés du métier d'aviculteur de concilier les exigences de la production et celles des expositions. Le succès dans l'une ne peut guère s'obtenir qu'au détriment du succès dans l'autre. S'adonner franchement à l'élevage, c'est perdre ses prix au concours ; réserver ses meilleurs champions pour l'exposition, c'est se priver de leurs produits pour la saison prochaine. Car, pour concourir, un coq ne peut se présenter avec une plume cassée, une manchette tachée de boue, une huppe ébouriffée. Il lui faut l'embonpoint que le bon coq ne peut jamais avoir. Et la poule n'a plus de chance d'être primée, si le coq, dans son empressement un peu brusque, a arraché quelques plumes de la huppe, ou froissé d'une patte trop rude les brillants reflets de son plumage. De même que pour briller aux feux de la rampe, les grandes artistes, pour conserver le teint frais et la voix claire, s'astreignent à un régime plutôt sévère, de même, pour cueillir les palmes au concours, fût-ce à celui du Gouvernement, coqs et poules ont dû être privés de leurs relations ordinaires, afin de se montrer immaculés devant les juges.

Pour rester en bonne posture sur les deux ter-

Type de petit poulailler spécial pour préparer les coqs aux Concours.

rains, le mieux est d'avoir double personnel : reproducteurs d'une part, sujets de concours de l'autre. Et cela n'est pas aussi difficile qu'on pourrait le croire. Le meilleur candidat pour un concours n'est pas toujours le meilleur reproducteur. Un coq peut être très brillant et n'avoir pas les qualités de fonds exigées par un connaisseur. Il peut n'être plus assez jeune pour être exposé et n'être que meilleur pour produire. Une poule peut avoir eu un accident qui

l'empêche d'être primée et n'influe en rien sur sa
ponte. Quand on possède seulement quelques exem-
plaires d'une même race, il est facile de composer
son parquet de reproduction avec des sujets excellents, mais sans valeur pour un concours. On réserve alors les coqs et les poules susceptibles d'être
exposés, chacun tenu dans un petit parquet séparé,
soigneusement couvert, et dont le sol est garni de
sable sec. Les prix seront en raison des soins et de
la propreté.

*
* *

Le moment est aussi venu de s'occuper des canards. La ponte devient générale ; la nourriture, à
ce moment, favorise non seulement la ponte, mais
la fécondation des œufs. — On s'imagine généralement, à propos de canards, qu'un brouet clair
est l'alimentation indispensable et qu'il n'existe
pour eux d'autre nourriture que la pâtée de son,
de recoupe ou de farine d'orge, au besoin de pommes
de terre cuites. C'est une grave erreur, ces pâtées
débilitantes, quoique d'un prix fort élevé, provoquent l'anémie, et les canes soumises à ce régime
donnent quantité d'œufs clairs. Elles dépensent
moins et se portent beaucoup mieux avec une
nourriture au grain, avoine, sarrasin, orge ou maïs,
et presque tous leurs œufs sont fécondés.

Pour que la fécondation soit régulière, l'eau est
aussi un élément de première nécessité. — L'accouplement ne se fait bien que sur l'eau. Quinze ou
vingt centimètres de profondeur sur cinquante ou

soixante décimètres carrés sont suffisants si l'eau est propre et souvent renouvelée.

On voit cependant des couples de canards reproduisant dans des cours pavées où ils n'ont pour boire qu'un simple godet, mais cela doit être considéré comme une exception.

On est souvent fort embarrassé pour fournir de l'eau aux canards quand on possède plusieurs variétés que l'on tient à ne pas mélanger. — Voici un

moyen à la fois simple et pratique de donner une solution à la question : avec un bassin de deux ou trois mètres de diamètre, on peut entretenir huit races différentes, sans crainte de croisement. — L'installation est à la fois peu compliquée et peu coûteuse. Le bassin est disposé de façon à pouvoir se vider facilement par une bonde de fond placée au centre, il est alimenté par un filet d'eau des plus minces, ou à défaut par une pompe à gros débit permettant de le remplir souvent. — Une profondeur de 25 centimètres au centre est suffisante, les bords formant cuvette, et venant en pente douce au niveau du sol. Au centre, est scellé un solide poteau sur lequel viennent s'adapter les divisions devant former les parcs et se pro-

longeant d'autant plus loin que l'on veut donner à
ceux-ci plus d'étendue.

Un mètre de hauteur suffit à ces divisions; naturellement, la partie qui se prolonge dans l'eau est augmentée de la profondeur du bassin. On obtient de
cette façon huit parquets très confortables, avec le
bassin que l'on consacre ordinairement à une seule
race.

Les canes ont la mauvaise habitude de pondre
n'importe où, sans faire de nid, parfois la nuit ou dès
le matin. Elles pondent même sur l'eau et beaucoup
d'œufs sont ainsi perdus. Il n'y a qu'un moyen d'éviter cela, c'est de les empêcher d'aller à l'eau avant
neuf heures du matin. — Point n'est besoin pour cela
de leur aménager des réduits spéciaux, bien abrités
et bien clos; les canes se portent mieux dehors, au
grand air, par n'importe quel temps. Elles ne redoutent qu'une chose : l'humidité. Il est facile de les en
préserver en établissant, dans le parc de nuit, un petit tas de fumier, sur lequel toutes iront coucher
spontanément. Si par hasard il tombe de la neige, il
suffit de retourner le tas de fumier d'un coup de
fourche pour retrouver une litière suffisamment
sèche.

Quand on possède un bassin à compartiments
triangulaires, il est facile d'interdire l'accès de l'eau
par une petite palissade mobile ou plutôt une porte
légère en grillage qui, même pour un très grand bassin, n'aura pas plus de 2 mètres de large et sera ma-
nœuvrée facilement.

Enfin, et c'est là un des cas les plus fréquents, si
les canards sont tenus dans un parc renfermant un

étang ou traversé par un cours d'eau, s'ils sont libres nuit et jour et vivent à leur guise à peu près comme à l'état sauvage, il n'y a pas à redouter que les canes pondent sur l'eau ; elles feront toutes un nid soigneusement dissimulé dans les grandes herbes ou les ar-

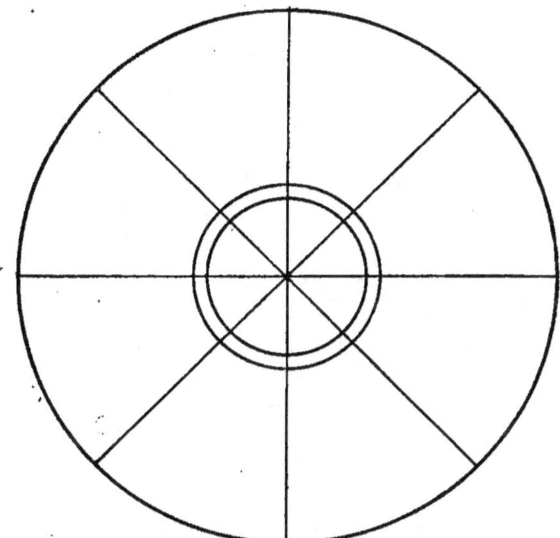

Plan d'un bassin à canards à huit compartiments.

bustes et si elles ne sont pas dérangées par les bêtes fauves, les rats, les chiens ou les maraudeurs, elles couveront elles-mêmes et amèneront à bien leur nichée. — C'est faire abandon des œufs, mais c'est un moyen sûr d'obtenir beaucoup de canetons. Il y faut cependant renoncer si les fouines et les belettes rôdent souvent dans le voisinage, ou bien si les rats pullulent le long du cours d'eau. Le rat est peut-être le pire ennemi du canard ; s'il n'a pu manger les œufs, il dévore les canetons même huit ou dix jours après l'éclosion.

La sélection sera la même que pour les poules ; très sévère surtout pour la taille. — Un canard suffit pour cinq ou six canes ; quand le troupeau est nombreux, la proportion d'un mâle pour huit femelles est généralement adoptée. Un mâle de deux ans est toujours préférable à celui d'un an. Avec lui, les œufs seront mieux et plus régulièrement fécondés, et les canetons s'élèveront plus facilement.

Il arrive parfois qu'avec un jeune mâle tous les œufs sont clairs et que l'année suivante, avec le même, tous sont bons. Ce n'est cependant pas une règle absolue et beaucoup de jeunes canards fécondent aussi bien que les vieux ; mais quand on a la latitude de choisir, mieux vaut toujours réserver un vieux, surtout contre plusieurs jeunes.

*
* *

La même remarque s'applique aux oies. L'oie vivant beaucoup plus que le canard, un jars peut être conservé plusieurs années et sera quelquefois meilleur à sa troisième année qu'à la première. Quand on conserve deux mâles, il est essentiel d'avoir un vieux et un jeune, l'un reste le maître de l'autre qui renonce vite à lutter, et ne fait son service que quand il se sent seul et hors de la vue de son collègue ; sinon, entre jars du même âge, les batailles sont terribles ; leur temps se passe en poursuites ou en luttés, leur rapidité à filer sur l'eau pour se précipiter sur le rival qui approche d'une femelle est incroyable. Le résultat : des œufs clairs.

Contrairement aux canes, les oies ont le plus grand soin de leurs œufs. Plusieurs jours avant de

Oies de Toulouse. Type parfait : un mâle avec ses deux femelles.

commencer leur ponte, elles se confectionnent un nid auquel elles travaillent longuement, amassant tous les brins de paille et toutes les plumes qu'elles peuvent trouver à portée de leur bec. En tenant compte de la longueur du cou, cela fait un rayon encore assez grand. L'oie pond toujours dans le même nid, à moins qu'on ne le lui ait bousculé, auquel cas elle en recommence un autre ailleurs. On peut lui laisser ses œufs jusqu'à ce qu'elle couve, si on ne redoute pas qu'ils soient détruits par des chiens ou des bêtes fauves. Elle en prendra soin chaque jour en les recouvrant de duvet qu'elle s'arrache elle-même, à tel point qu'en passant à côté du nid on ne voit pas s'il contient des œufs; il faut y mettre la main pour s'en rendre compte. Quand l'oie a pondu douze ou quinze œufs, elle se met d'elle-même à couver et couve avec une sollicitude extrême, ce qui ne l'empêche pas de se lever assez longtemps pour manger et aller régulièrement faire ses ablutions. Mais les œufs sont si bien cachés sous le duvet que c'est à peine s'ils ont refroidi.

Quand il n'y a dans un même local qu'un couple d'oies, le jars fait sentinelle devant le nid, et ne permet à personne, ni bêtes, ni gens, de passer à proximité. Il le défend avec une telle vigueur qu'il ne serait pas prudent de laisser seul un enfant de six ans s'en approcher.

*

Février est encore le grand mois pour l'accouplement des pigeons; on peut à ce moment mettre en liberté tous ceux qui ont été tenus jusque-là renfermés, il n'y a pas à craindre qu'ils ne reviennent pas au local où ils commencent à préparer leur nid. Préparer le nid n'est pas le mot juste, car, pour le pigeon, la préparation est bien sommaire; quelques brins de paille ou de foin entrecroisés et c'est tout. Mais le pigeon se prépare, en chassant sa femelle au nid. Il la

poursuit de ses roucoulements accompagnés de coups
de bec, jusqu'à ce qu'elle s'installe dans un coin, ou
dans le nid en plâtre toujours prêt et fasse mine de
couver. Tant pis si elle n'est pas disposée à pondre,
elle doit rester là. Dès qu'elle s'échappe, coups de bec
et roucoulements la ramènent vite à son poste. Cela
dure quelquefois huit ou quinze jours avant qu'il n'y

ait aucun œuf. Il est même bon de se rendre compte
si la femelle n'est pas maigre ou maladive, et par
conséquent si elle ne serait pas encore prête à pondre, car le mâle ne connaissant que son devoir, sachant que c'est le moment de la reproduction, la chas-
sera au nid quand même, et frappera d'autant plus
fort que la femelle sera moins empressée à lui obéir.
Il finira même par la tuer pour mieux la décider à
reproduire. Il n'y a, dans ce cas, qu'à opérer la séparation et à trouver des tempéraments mieux assortis.
Une des principales difficultés de l'entretien des

pigeons est de distinguer à première vue et avec certitude les mâles des femelles.

Dans un grand nombre d'oiseaux domestiques ou
sauvages, rien n'est plus facile que de reconnaître le
sexe, attendu que le mâle a tous les attributs de la
beauté représentés par l'éclat du plumage, la taille
et le port généralement plus imposant que chez la
femelle. Tel est le coq de nos basses-cours, le
paon, le faisan, etc., qu'on ne saurait confondre avec
leurs poules auxquelles la nature semble avoir donné
des couleurs plus ternes pour des motifs que l'on
explique en disant, à tort ou à raison, que c'est pour
mieux les dissimuler quand elles seront sur leur nid.
Il y a en effet ceci de remarquable, c'est que les couleurs voyantes et si distinctives du mâle n'existent
plus chez les espèces dans lesquelles ce dernier couve
comme la femelle ou à tour -de rôle. Tel est le cas
pour le pigeon.

Il y a bien quelques signes généraux qui font distinguer le mâle de la femelle quand on a l'œil très
exercé, mais, pour le public, ces signes sont encore
trop vagues ou obscurs.

1º On dit que le pigeon mâle naît toujours le premier, qu'il est l'aîné et que, par suite, il est toujours
un peu plus fort quand il est petit, c'est-à-dire pigeonneau, que de plus, quand on s'approche de lui
pour le saisir avec la main, il se vousse, fait le gros
dos et mine de se défendre.

2º Chez les adultes, le pigeon mâle roucoule, et la
femelle, comme dans les autres espèces, ne dit rien.
Ce fait est assez connu, mais il est surtout frappant
quand on visite les grands colombiers, comme les

grands colombiers militaires par exemple, où pendant une partie de l'hiver on sépare les mâles des femelles. Les premiers se lamentent et roucoulent à qui mieux mieux, font un bruit aussi monotone qu'assourdissant, tandis que dans les compartiments des femelles tout est silencieux, à moins qu'on n'ait laissé par erreur quelque pigeon qui se trahit ainsi.

3° On prétend encore que le mâle a la tête un peu plus ronde et le cou un peu plus fort, tandis que la pigeonne a la tête légèrement déprimée et aplatie ; ce signe existe, mais il est assez difficile à saisir. — Et pour ce qui est de l'épaisseur du cou ou du collier, ce n'est pas constant et cela tient peut-être précisément à l'exercice ou à la contraction musculaire de cet organe presque constante, dans le roucoulement. Quant aux couleurs ou au plumage, on sait qu'elles sont le plus souvent les mêmes, surtout si l'on a affaire à des pigeons de race non mélangés. Il faut donc un œil bien exercé et quand on se contente de ces signes extérieurs, on s'y trompe.

C'est dans la conformation anatomique ou le squelette qu'il faut chercher la différence, elle existe et elle est facile à saisir.

Chez les pigeons, comme dans toutes les espèces animales, le bassin, et cela s'explique en raison des nécessités des fonctions génératrices, est plus développé, sensiblement plus large chez la femelle que chez le mâle, soit pour loger l'œuf, soit pour loger le fœtus. Chez les oiseaux, il devrait en être ainsi, car il suffit de comparer le volume de l'œuf même du plus petit oiseau avec celui qui le produit, pour voir qu'il est relativement considérable et hors de

proportion ; il fallait donc que le bassin fût beaucoup
plus large chez les femelles des oiseaux que chez les
mâles. Cela se vérifie en particulier chez les pigeons :
il suffit de toucher avec le doigt la région du bassin
qu'on appelle improprement « la fourchette » (formée
par l'écartement des deux os du bassin) pour reconnaître si l'on a affaire à un pigeon mâle ou à une
femelle. Dans le premier cas, c'est à peine si on peut
introduire dans la fourchette (c'est-à-dire dans l'écartement des deux os du bassin) le petit doigt, tandis
que le pouce s'y loge très aisément si c'est une femelle
et rien n'est plus naturel ni plus facile à constater
dès qu'on s'en est rendu compte.

Il est d'autant plus intéressant de pouvoir reconnaître le sexe de tous les individus peuplant le colombier, qu'il importe de ne jamais laisser un mâle
en trop. Celui-ci jette la perturbation dans tous les ménages, pénètre dans toutes les cases, livre bataille aux
autres mâles en train de couver ; les œufs sont cassés,
les petits nouvellement éclos se trouvent écrasés,
bref, c'est une cause de désarroi général. Bien que le
pigeon et tout particulièrement la pigeonne soient
donnés comme l'emblème de la fidélité, c'est là une de
ces règles établies et surtout confirmées par les exceptions. La fidélité existe bien tant qu'il y a surveillance réciproque, mais quand, au cours de la couvée,
la femelle après avoir passé la nuit au nid se trouve
libre du matin au soir, son seigneur et maître la
remplaçant sur les œufs, et quand un jeune mâle
très exubérant et d'autant plus entreprenant qu'il
n'a pas encore trouvé l'occasion de convoler en justes
noces, entreprend de la circonvenir par ses roucou-

lcments, il arrive souvent que la fidélité n'est plus qu'un vain mot. Parfois le mâle légitime, toujours aux aguets sur son nid, inquiet des allées et venues de son rival, arrive en temps utile pour chasser l'intrus, qui, dans ce cas, se retire toujours sans résistance, mais ce n'est que pour tenter un nouvel assaut à la première occasion et souvent avec succès.

MARS

—

Mars voit de tous côtés éclore les poussins qui
vont se développer rapidement avec les premiers
beaux jours. Il faut toutefois redouter les giboulées
et les coups de soleil. D'après un dicton populaire,
le soleil de mars rend fou ; s'il a sur les humains
une telle influence, que ne doit-il en avoir sur de
pauvres petits poussins, n'étant même pas libres
de se mouvoir suivant leur instinct naturel, et obli-
gés, de par le bon plaisir de celui ou de celle qui
les a fait naître, de subir, sans abri possible, les
rayons ardents de ce soleil de renouveau ! Si les
poussins ne deviennent pas fous, ce qui pourrait
donner lieu à des manifestations parfois amusan-
tes, ils deviennent congestionnés, ce qui est moins
drôle et, après avoir passé quelques bonnes heures
au soleil, s'ils ne restent pas sur place, ils périssent
quelques jours plus tard.

Que de fois n'avons-nous pas vu des dames,
passionnées pour l'aviculture, se donner mille
peines pour installer leurs poussins bien en plein
soleil et s'extasier sur le résultat obtenu en les
voyant tous immobiles, aplatis, les ailes écartées et

le col allongé. Comme ils sont contents et comme
ils se chauffent bien au soleil! Ce soi-disant con-
tentement n'est que l'œuvre de la congestion qui
monte et dont les conséquences seront fatales. La
dame qui suppose ce soleil si bienfaisant pour
ses poussins, n'aurait qu'à prendre une chaise et
s'asseoir à côté d'eux, tête nue et sans ombrelle,
et malgré ses cheveux autrement épais que le léger
duvet des poussins, elle serait vite fixée sur l'influence du soleil de mars.

Les canetons sont encore plus sensibles que les
poussins, à moins qu'ils n'aillent librement à l'eau.
Pour eux le, soleil est mortel. Ils semblent éprouver
un bien-être inouï à s'exposer à ses rayons. Ils
le recherchent, si petit que soit l'espace où ceux-
ci pénètrent, et s'endorment sous leurs feux avec
une sorte de volupté; souvent, c'est le dernier
sommeil. Parfois on place des canetons dans un
parc de 10 mètres carrés, bien à l'ombre; l'heure
avançant, un petit coin de 20 centimètres se trouve
au soleil, tous les canetons s'y entassent, quitte à
se coucher les uns sur les autres pour jouir du
bien-être néfaste. Ce n'est que vers l'âge de trois
semaines qu'ils peuvent, sans danger, s'exposer ainsi
aux rayons du soleil; du reste, à cet âge, est-ce
par instinct de conservation plus développé? est-ce
par expérience de la vie? ils le recherchent beaucoup moins. Le meilleur moyen, pour éviter ces
accidents, est de laisser les canetons, dès l'âge de
deux jours, aller à l'eau tant qu'ils veulent, non
pas dans un plat creux, mais à la rivière, à l'étang,
à la mare ou dans un grand bassin, à la condition

que le sol y conduisant soit en pente douce, et
qu'il n'y ait pas d'efforts à faire pour sortir de l'eau.
Dans un petit plat, les canetons se mouillent, se
salissent, ils prennent froid ensuite ; sur une grande
étendue d'eau, au contraire, ils nagent sans se mouil-
ler, sans fatigue et constamment occupés à chercher
quelques insectes ou quelque verdure le long du bord,
ils ne pensent pas à s'endormir au soleil et s'élèvent
ainsi avec la plus grande facilité. — Quand l'eau
courante, la mare ou le grand bassin font absolument défaut, on a recours au bassin en zinc, à
double pente douce, d'où le caneton sort sans aucun

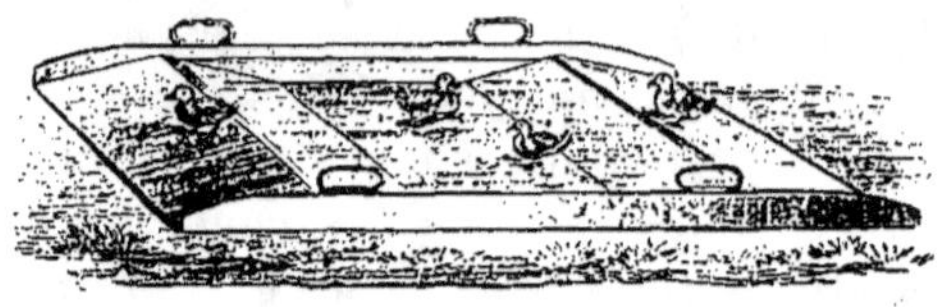

effort et où il se mouille beaucoup moins que dans
tout autre récipient.

*
* *

Il est encore temps, en mars, de former des lots
de reproducteurs pour les races françaises, Houdan,
Mantes, Crèvecœur, Laflèche, Barbezieux, Bresse et
analogues ; quinze jours environ après la réunion
des poules et du coq choisis, les œufs seront, avec
certitude, fécondés par celui-ci ; le temps de les amas-
ser pour en avoir une certaine quantité, les premiers
jours d'avril seront arrivés ; trois semaines pour l'in-

2.

cubation et l'on aura des poussins nés au commencement de mai, qui est encore un excellent moment pour l'élevage. En sélectionnant ces lots de reproducteurs on peut, à cette saison, prendre les poulettes les plus jeunes de l'année dernière. Elles sont maintenant complètement adultes et leurs œufs sont de grosseur normale. On pourra, dès lors, faire la sélection par les œufs, choisir les plus gros, les mieux faits, les plus blancs. C'est un complément à la sélection des reproducteurs, double résultat qui est loin d'être négligeable. Par ce seul soin on doit arriver en quelques années à augmenter sensiblement le poids des œufs et la force des sujets, même en choisissant ses reproducteurs dans la consanguinité la plus immédiate et tel, en somme, doit être le but de tout élevage bien conduit.

C'est aussi en mars que se font, en plus grand nombre, les couvées de toutes sortes. Sans parler des couveuses artificielles, ni des dindes, beaucoup de poules et tout particulièrement les Cochin, les Brahma et les Langshan demandent à couver. Comme ce sont d'excellentes couveuses ne redoutant pas de rester longtemps sur le nid, on peut leur donner des œufs de canes qui demandent vingt-huit jours d'incubation. Les canes couvant peu en captivité ou ne se s'y décidant qu'en avril ou mai, il faut absolument leur trouver des remplaçantes : le meilleur moyen pour obtenir des canes qu'elles couvent elles-mêmes, serait de leur donner une liberté relative, et, dès qu'elles ont adopté un nid, de ne pas ramasser leurs œufs. — Après une ponte de quinze à dix-huit œufs, elles se décident généralement à couver, et elles

le font alors avec un soin et une vigilance extraor-
dinaires.

Chez les aviculteurs professionnels visant le marché, c'est en mars que les poulets des premières
couvées artificielles de fin décembre ou commencement de janvier sont bons à mettre à l'engraissement
pour, trois semaines plus tard, être vendus bon prix
comme primeurs. C'est l'opération la plus lucrative
de l'élevage.

*
* *

Tous les pigeons sont au nid et couvent; après dix-

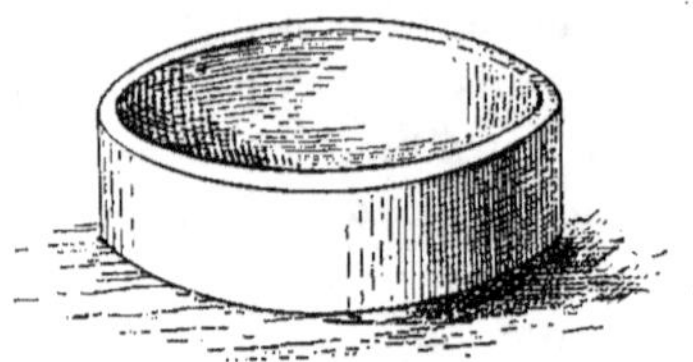

Nid en plâtre.

sept ou dix-huit jours d'incubation leurs œufs vont
éclore. A ce moment il est bon de varier leur nourriture autant que possible, afin qu'ils trouvent tous
les éléments nécessaires à l'entretien des jeunes. On
a souvent remarqué que le millet, mélangé aux
grains ordinairement distribués, maïs, vesce, pois,
blé, sarrasin, était ramassé avec avidité, et que les
pigeonneaux dont les parents consommaient ce
grain, se développaient rapidement.

Dix jours environ après l'éclosion des pigeonneaux,
on peut nettoyer le logement.

Au bout de trois semaines il convient de faire
un second nettoyage, et de placer à l'angle opposé

de la case, un deuxième nid en plâtre dans lequel les parents ne tarderont pas à s'installer pour faire une seconde couvée. Beaucoup d'éleveurs, aussitôt que les pigeonneaux ont atteint vingt-huit à trente jours les séparent des parents pour les sevrer. — Autrement ceux-ci les nourriraient encore pendant une quinzaine de jours et cette fatigue excessive pourrait compromettre le sort de la couvée suivante.

Quand il s'agit de pigeons devant atteindre un grand développement tels que Romains, Montauban, Mondains destinés à la reproduction, mieux vaut cependant que les parents fassent une couvée de moins, et que les jeunes aient tout le confort désirable pour se développer au maximum. — Les Romains notamment se vendant à la longueur de l'envergure, et tout centimètre en plus du mètre se cotant excessivement cher, on tirera bien meilleur parti d'un couple mesurant $1^m,02$ ou $1^m,03$ que de deux couples mesurant 95 centimètres. Il y a donc tout intérêt à pousser la croissance au maximum et à ne négliger pour cela aucun soin ni aucune dépense. — C'est au contraire la quantité et la production intensive qui sont plus intéressants quand il s'agit des pigeons de consommation.

*
* *

En mars enfin, les lapins, formant dans la basse-cour un appoint qui n'est pas à dédaigner, commencent à produire; bientôt toutes les herbes les meilleures pour leur alimentation vont pousser dans les champs et les jardins, facilitant la lactation des mères qui viennent de mettre bas, et offrant aux jeunes commençant à manger une nourriture tendre et saine.

On peut encore, au mois de mars, préparer la production de lapereaux pour repeupler une chasse. Comme il n'est pas toujours facile de se procurer des femelles de garenne à cette saison, que leur prix est toujours très élevé, et que d'ailleurs l'élevage du la-

Lapins russes.

pin de garenne en captivité présente bien des difficultés, il est un moyen bien simple d'y suppléer : c'est de se procurer un certain nombre de femelles russes, plus ou moins bien marquées, peu importe, mais caractérisées surtout par leur petite taille, et de les accoupler avec un mâle de garenne bien pur et bien vigoureux. — Tous les produits seront des lapins de garenne et pourront être lâchés au bois vers juin ou juillet, et les jeunes femelles auront eu le temps à leur tour de faire une portée avant l'ouverture de la chasse d'automne. — C'est le mode le plus sûr et le plus économique de repeuplement.

C'est enfin, au cours de ce mois de mars, que l'on se préoccupe le plus de la production intensive des poulets, et que les amateurs, après s'être rendu compte des bénéfices qu'ils ont pu réaliser en opérant sur un petit nombre de sujets, songent à opérer plus en grand et à transformer l'élevage en une véritable industrie. Le moment est, par conséquent, opportun pour donner quelques conseils sur une organisation pratique.

Dans toute entreprise, l'installation première est le principal élément de succès, car c'est d'elle que dépend à la fois l'économie quotidienne sur les frais d'entretien et la réussite finale d'où ressortent les bénéfices. — L'élevage du poulet, s'il était bien compris, devrait se faire pour ainsi dire mécaniquement. En prévoyant l'application de tous les principes d'hygiène et en s'y conformant rigoureusement, les pertes devraient être à peu près nulles, et par conséquent les bénéfices devraient s'escompter à l'avance sans aléa. S'il n'en est malheureusement pas ainsi dans beaucoup d'entreprises d'élevage, c'est que l'installation première a été faite au hasard sans règle de conduite, et qu'elle est souvent défectueuse en tous points; les poussins souffrent alternativement de l'excès de chaleur ou du froid, ils s'écrasent dans un parquet trop étroit ou s'épuisent sur un trop vaste parcours, bref, c'est une lutte perpétuelle contre les éléments qui semblent s'acharner à la destruction de ce que l'on se donne tant de peine à vouloir créer. Il sera bien moins dispendieux de débuter par dépenser le nécessaire pour une installation confortable et de n'avoir plus ensuite qu'à récolter sans peine et surtout sans risques. D'autant plus que cette installation n'entraîne pas une bien grande dépense.

Ce n'est que jusqu'à six semaines, limite extrême de son séjour sous les mères artificielles, que le poulet a besoin de soins. Passé cet âge, c'est le libre parcours aux champs qu'il lui faut pour se développer jusqu'à trois mois ou trois mois et demi, époque à laquelle il devra passer à la gaveuse. C'est donc sur l'organisation destinée à assurer l'existence pendant ces six premières semaines que doivent porter tous les efforts de l'éleveur.

Voici le modèle très simple d'un parc d'élevage agencé pour recevoir 50 poussins tous les six jours, soit pour une production annuelle de 2.000 poulets, en ne travaillant que pendant huit mois.

C'est un simple hangar couvert en tuiles ou en zinc, élevé sur poteaux en bois, complètement clos sur le derrière et sur les côtés et ouvert sur le devant. S'il est en zinc il lui suffira d'avoir 2^m,50 de hauteur sur le derrière et 2 mètres sur le devant. Il aura 25 mètres de longueur sur 6 mètres de largeur ou de profondeur. Il servira à abriter les mères artificielles et à donner aux poussins un promenoir couvert précédant leur parc gazonné et boisé. Au fond du hangar, sera réservée, sur toute la longueur, une allée d'un mètre de large, pour le service et la surveillance, puis, au moyen de grillage d'un mètre seulement de hauteur, à maille de deux centimètres, le hangar sera divisé en six compartiments inégaux suivant les mesures ci-dessous.

1ᵉʳ compartiment. . .		2ᵐ, 50
2ᵉ —	. . .	3 »
3ᵉ —	. . .	4 »
4ᵉ —	. . .	4ᵐ, 50
5ᵉ —	. . .	5 »
6ᵉ —	. . .	6 »
Total.		25 mètres.

Le premier de ces compartiments sera coupé par une cloison de grillage à 2ᵐ,50 du fond, ce qui formera un parc de 2ᵐ,50, sur 2ᵐ,50, complètement à l'abri, où les poussins séjourneront pendant les six premiers jours de leur naissance, autour de leur éleveuse. Ils respireront le grand air venant du dehors, mais ils ne seront exposés ni au vent, ni à la pluie, ni au soleil, ni aux fatigues d'un trop grand parcours.

Le deuxième compartiment sera formé par la partie abritée restant disponible, de 2ᵐ,50 à la suite du premier, et d'un parc en grillage se prolongeant extérieurement sur une longueur de 5 mètres.

Le troisième compartiment occupant sous le hangar les 3 mètres suivants, se prolonge dehors sur une longueur de 10 mètres ; le quatrième prendra 15 mètres, le cinquième 20 mètres et le sixième 25 mètres, de sorte que chaque parc ainsi formé, sera à la fois plus large et plus long et, par conséquent, offrira aux poussins grandissant, un parcours plus grand.

Après le sixième jour, les poussins du premier parc céderont leur place aux nouveau-nés et passeront dans le deuxième parc, et ainsi de suite tous les six jours, jusqu'au moment où, âgés de quarante-deux jours, ils pourront complètement se passer de mère.

En belle saison on pourra même leur donner la liberté
sans qu'ils passent par la dernière étape.

Ce mode d'installation a l'avantage d'assurer un
service et une surveillance faciles, de grouper tous

les poussins, tout en les isolant les uns des autres, suivant leur âge, et de leur donner simultanément, par tous les temps, un parcours abrité et un parcours à découvert. — Ils n'auront jamais ainsi à souffrir de ces séries de vent ou de pluie qui surviennent régulièrement quatre ou cinq fois chaque année, décimant des couvées entières, parce qu'on n'a pas eu l'emplacement nécessaire pour les mettre à l'abri ou parce que, mises à l'abri, elles n'ont pas eu, pendant cette réclusion prolongée dans un espace trop étroit et trop renfermé, l'aération et le parcours suffisants.

Ici, le dos du hangar étant naturellement tourné du côté d'où le vent souffle le plus souvent, il y a toujours six mètres de sol absolument sec, abrité du vent et, malgré cela, tout à fait en plein air. Par les jours de grand soleil, c'est encore un refuge où les poussins peuvent rester à l'ombre, si les parcs ne sont pas suffisamment garnis de taillis, de grandes herbes, ou de plantes à hautes tiges, pouvant les préserver.

Tels qu'ils sont disposés, les parcs sont assez grands pour que les poussins, même par un séjour permanent, ne puissent y détruire l'herbe et pour qu'ils aient constamment à leur disposition de la verdure, et par suite une certaine quantité d'insectes.

Dans ces conditions, tous les éléments d'une bonne hygiène se trouvant réunis, il ne reste qu'à assurer la nourriture et à changer chaque matin les lampes à pétrole qui doivent assurer la température dans les éleveuses. C'est un soin simple, dont une femme peut s'acquitter sans fatigue et en fort peu de temps.

Il va sans dire que si l'on a le choix du terrain
pour l'installation du parc d'élevage il n'y a pas à hésiter à choisir le terrain le plus sablonneux. Si le sol
est argileux et légèrement humide, on cherchera un
terrain en pente pour que l'eau puisse s'écouler
facilement et ne séjourne jamais dans les parcs. Au
besoin, on fera les travaux de terrassement nécessaires pour obtenir la déclivité du sol, si elle n'existe
pas naturellement; c'est une dépense en somme minime, dont on retrouvera largement l'intérêt.

Naturellement le hangar sera toujours muni, sur
toute sa longueur, d'une gouttière qui déversera
l'eau de pluie au dehors; sinon, les jours d'orage, cette
surface de 150 mètres carrés de toiture amènerait
dans les parcs une masse d'eau qui pourrait présenter de graves inconvénients. Cette eau, recueillie au
contraire dans un bassin ou dans une citerne à l'extrémité du hangar, pourra, dans bien des pays, rendre
de grands services.

Pour la confection des parcs, des grillages de 1 mètre de hauteur seront amplement suffisants; on pourrait même, pour les deux premiers parcs, n'employer
que des grillages de 50 centimètres de hauteur, pour
enjamber plus facilement par-dessus.

La maille de 19 millimètres est indispensable pour
le premier parc; mais celle de 22 millimètres est suffisante pour les autres. On devrait même se conten-
ter de mailles de 25 millimètres pour le dernier. Une
fois les grillages posés, il sera bon de semer ou de
planter extérieurement tout autour, des plantes, des
céréales ou des graminées, destinées à former une
sorte de haie, que les poussins ne pourront détruire

en picorant, et qui servira de rideau protecteur contre le vent.

S'il était possible, pour parfaire l'œuvre, d'amener un filet d'eau courante, si mince soit-il, qui traverserait tous les parcs dans le sens de leur largeur, ce serait l'idéal et l'assurance contre toute épidémie future. Sans avoir une source à sa disposition, ce qui est rare, il suffit d'avoir une concession d'eau de quelques hectolitres par jour et de la laisser couler goutte à goutte dans une rigole en ciment de 10 centimètres de large. C'est assez pour que les poussins aient toujours de l'eau propre et fraîche à leur portée. A défaut d'eau courante, on se contentera des bacs siphoïdes en zinc, dans lesquels l'eau sera renouvelée tous les matins.

Pour compléter le mobilier, quelques billots à pâtée et quelques augettes creuses, et enfin une ficelle suspendue à une branche d'arbre ou à un pieu de la clôture, au bout de laquelle, trois ou quatre fois par jour, on suspendra un paquet de chicorée sauvage, tendre et fraîche, ou une laitue ou bien une romaine.

Et l'on sera étonné de la facilité avec laquelle s'élèvent les poulets, du peu de soins qu'ils exigent et des résultats que l'élevage ainsi pratiqué peut donner.

AVRIL

Avril est aussi un des grands mois de l'aviculture. Toutes les occupations de la période précédente se poursuivent avec encore plus d'activité et de nouvelles, non moins importantes, viennent s'y ajouter. De tous côtés les poules demandent à couver, les dindes, les pintades, les faisans commencent à pondre. On peut encore aménager les derniers parquets de faisans pour la reproduction.

Les pintades, dont il avait été jusqu'à présent assez difficile de distinguer le sexe, sont maintenant en pleine activité, et les mâles se reconnaissent aisément à leur allure, à la force, à la longueur de la corne, et à l'ampleur de leurs barbillons affectant une forme convexe, tandis qu'ils sont plus courts et absolument plats chez la femelle. — Chez elles les barbillons équivalent à la crête du coq; c'est le seul appendice charnu et coloré qu'elles possèdent. — Elles le portent sous le bec au lieu de l'arborer comme panache au-dessus de la tête, mais le mâle n'en est pas moins fier et semble les gonfler pour les mieux faire ressortir. — La coloration des barbillons est la même chez le mâle et chez la femelle, moitié rouge, moitié blanche et sans régularité dans le dessin. Il ne faudrait pas cependant, fort de ce renseignement, s'imaginer que

Pintade mâle.

l'on va, en toute assurance, faire un choix précis dans une compagnie de pintades.

. Il y a des sujets douteux, et ceux-ci sont encore assez nombreux. De vieilles femelles auront la corne forte, le capuchon blanc allongé et les barbil-

lóns très développés, seulement ils seront toujours
plats et n'auront jamais la forme arrondie que nous
venons d'indiquer comme principale caractéristique
du mâle. — Par contre, il arrive que des mâles jeunes,
parfois même adultes, ont la corne mince et les bar-

Tête de pintade femelle.

billons assez longs, mais presque complètement plats,
ce qui fait qu'il n'y a plus de différence avec la vieille
femelle. — Là il est permis de faire confusion même
au plus connaisseur, et nous conseillons, surtout
quand on dispose de mâles et de femelles nettement

caractérisés, de sacrifier sans scrupules ces sujets·à double face, causes constantes d'erreurs. et de difficultés. Il est même certain que cette imperfection de forme se perpétue dans la reproduction, et il y a, pour cette raison, tout avantage à ne conserver que des

Tête de pintade mâle.

mâles nettement définis et des femelles portant modestement la livrée de leur sexe.

Quelques amateurs prétendent trouver une différence dans le cri. Pour nous, nous le trouvons aussi insupportable chez les uns que chez les autres et, d'ailleurs, comme les pintades crient toujours toutes à la fois, il est bien difficile de distinguer dans cette cacophonie la voix du mâle de celle de la femelle.

La pintade s'accouple volontiers, mais un mâle suffit à quatre ou cinq femelles, surtout quand elles sont en liberté. En captivité, même par couple, la pintade

Pintade femelle.

a beaucoup d'œufs clairs ; par contre, si elle jouit d'un libre parcours, presque tous les œufs sont fécondés et ils éclosent plus régulièrement et plus facilement que ceux des poules. Dans une bonne couveuse artificielle, la moyenne des éclosions est de 95 %.

3.

La seule difficulté que présente l'élevage des pintades, est la récolte des œufs. En liberté elles ne cher-
chent qu'à cacher leur nid le plus loin possible de l'habitation, dans les champs, dans les haies, dans les
fourrés les plus inextricables. Si, par hasard, on
trouve la cachette et si l'on n'a pas le soin, en enlevant les œufs, de les remplacer par d'autres sans valeur et de ne pas déranger le nid, vite la pintade cherche un abri plus inaccessible encore et, un beau jour,
elle disparaît complètement; on la croit perdue, man-
gée par un fauve, et, vingt-six jours plus tard, elle
apparaît, traînant après elle quinze ou dix-huit pintadeaux aussi vifs et aussi sauvages que des petits
perdreaux. C'est le mode d'élevage le plus sûr, le
moins coûteux et surtout le plus simple. Une centaine de pintadeaux trouveront ainsi facilement
place dans une cour de ferme, et leur vente, en automne, toujours assurée sur les marchés, sera d'un
excellent produit.

Au château, la pintade truffée fera le rôti des grands
jours, si les faisans font défaut; elle les remplacera
très honorablement aussitôt que la chasse aura été
fermée.

Les dindes, dont on a fait, en janvier, des couveuses malgré elles, ont repris toute leur vigueur et se
disposent à pondre. Dans les basses-cours de peu
d'importance, on ne conserve pas de coq dinde, animal encombrant, batailleur et gros consommateur de
nourriture : aux premiers jours d'avril on mène simplement les dindes au coq (prononcer *cô*) à la ferme
voisine, où moyennant 0 fr. 25 par tête, s'opère la
fécondation. Un seul accouplement suffit pour toute

la ponte, et cela ne demande souvent que quelques minutes, juste le temps, pour la bonne femme qui a apporté sa dinde, de passer à la caisse.

Contrairement à la pintade, la dinde cherche à peine à dissimuler son nid. Elle s'installe un peu n'importe où et retourne à l'endroit choisi avec une ponctualité et une régularité parfaites jusqu'à la fin de la ponte. — On peut la déranger, prendre son œuf sous elle aussitôt pondu, cela ne lui fera pas abandonner la place adoptée. Après vingt ou vingt-cinq œufs, elle manifestera le désir de couver en restant sur le nid même vide jusqu'à ce qu'on veuille bien lui confier des œufs. A défaut

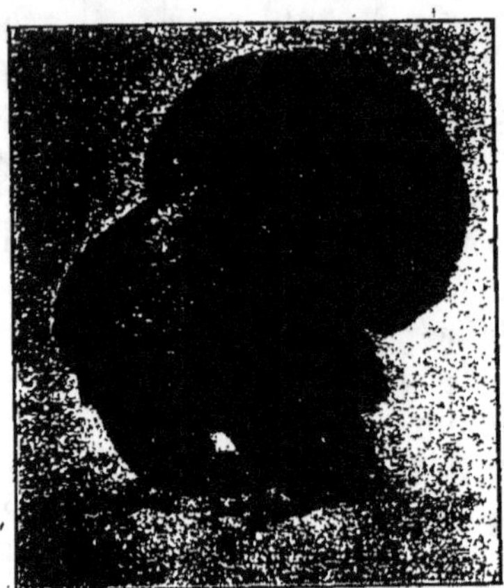

d'œufs elle chauffera la paille ou les cailloux avec la même sollicitude pendant plus d'un mois avant de reprendre sa liberté.

Les éleveurs mettent à profit cette disposition naturelle des dindes à l'incubation en leur faisant faire deux ou trois couvées de suite de n'importe quels œufs, poules, canes, oies, dindes, faisans. A l'éclosion, les petits de cinq ou six couveuses sont confiés à une seule d'entre elles, et les autres reprennent de nouveaux œufs avec autant de zèle que si les premiers n'étaient pas éclos.

*
* *

L'aménagement des parquets de faisans est une des occupations les plus importantes et les plus intéressantes du mois d'avril.

Deux théories sont en présence : la liberté presque complète, dans d'immenses parcs en plein taillis, enclos seulement par des grillages de deux mètres de haut, et les faisans entravés ou éjointés, couvant librement comme en forêt; ou bien des parquets restreints et couverts, où les faisans sont de plein vol; ce sont ces derniers qui ont toutes nos préférences. Dans le premier cas, l'éjointage a l'inconvénient de ne plus permettre la mise en liberté après la ponte; quant à l'entrave, excellente pour les poules, elle est parfois, pour les coqs, une gène dans l'accomplissement de leurs fonctions; de là, des œufs clairs en assez grande quantité. Le meilleur parquet est celui construit sur un taillis, qui peut avoir huit à dix mètres de long sur trois ou quatre de large, recouvert d'un filet métallique ou grillage à simple torsion. Dans ce parquet, un coq et cinq poules; presque tous les œufs y seront fécondés.

S'il s'agit de faisans vénérés, il ne faut pas dépasser trois poules pour un coq. Quant aux dorés, aux argentés et aux Lady Amherst, il est préférable de les tenir par couples dans des parquets beaucoup plus étroits. Avec les dorés et les Amherst, il est urgent de veiller à ce que la femelle soit, à ce moment, en aussi bonne santé que le mâle; si elle est plus faible, un peu anémique, si, par suite, sa ponte doit commencer plus tard que de coutume, elle n'est pas prête à répondre aux avances du mâle et à satisfaire à son empressement. Celui-ci, sans chercher l'explication de sa froideur, la poursuit de son assiduité qui se traduit par une série de coups de bec tellement répétés et violents, que la malheureuse faisane est quelquefois tuée en quelques heures. Pour éviter ces accidents, il n'y a qu'à séparer la femelle dès qu'on remarque qu'elle se sauve devant le coq et que celui-ci la poursuit trop vivement.

*
* *

Si l'on a conservé quelques perdrix en volière, il est encore temps de les lâcher dans la plaine, au milieu d'un grand champ de blé ou de seigle; elles ont toute chance de faire une couvée qui, pour être un peu tardive, n'en fournira pas moins une belle compagnie pour l'ouverture. Avant de les lâcher, il est prudent de leur arracher quatre plumes d'une aile, afin de les empêcher de soutenir un vol prolongé et de passer sur le territoire voisin.

Il est important de ne pas lâcher plus de mâles que de femelles. — Un seul mâle en trop provoque partout des batailles qui compromettent toutes les couvées. La distinction des sexes, assez difficile en temps ordinaire, commence à s'accentuer plus nettement à cette saison et l'erreur n'est plus à redouter. — Il est cependant intéressant de préciser les caractères auxquels on peut distinguer les mâles des femelles.

La principale différence est le fer à cheval ; c'est
une plaque de plumes d'un brun vif, affectant en
effet la forme d'un fer, que le mâle porte à la base
de la poitrine. Comme le mâle, surtout à l'approche
de la saison des accouplements, se tient fièrement
campé sur les pattes, présentant sa poitrine presque
dans une position verticale et dans toute l'ampleur
de son développement, cet ornement se reconnaît

Fer à cheval de la perdrix mâle.

facilement. La femelle, au contraire, a le ventre
gris blanc, sans trace de plumes brunes. Mais à
toute règle il y a des exceptions et, chez les perdrix,
ces exceptions sont généralement plus nombreuses
que la règle ; c'est ce qui rend la distinction des
sexes si difficile. Il arrive parfois que le mâle ne
possède pas la totalité de ses plumes brunes de la
poitrine, soit que celles-ci aient été arrachées dans
les combats entre coqs, soit qu'elles ne soient pas
toutes complètement poussées, soit encore qu'elles

fassent naturellement défaut, et ce dernier cas est assez fréquent.

D'un autre côté, beaucoup de femelles ont comme l'empreinte d'un fer à cheval, c'est-à-dire qu'elles possèdent des plumes brunes plus petites, moins serrées les unes contre les autres, mais affectant la même disposition que celles du mâle. Dans ces conditions, si ces plumes se trouvent un peu exagérées

Tête de mâle et plume de la base du cou.

chez un sujet et un peu insuffisantes chez un autre, la confusion serait permise, si l'on ne trouvait, sur d'autres points, des indications précieuses pour sortir d'embarras. La tête d'abord, plus forte dans son ensemble, et plus large chez le mâle, est ornée au coin de l'œil, et dans le sens longitudinal, d'une petite bande de peau grenue d'un rouge vif d'un centimètre à un centimètre et demi de longueur environ, et se terminant en pointe; cette fois encore des femelles très excitées ou âgées présentent le même prolongement de l'œil, mais il est rarement aussi accentué et d'un rouge aussi prononcé. Et pourtant, quand on est en présence d'un jeune mâle à peine déclaré, ou un peu anémique, et d'une femelle adulte et très vigoureuse, le doute est possible.

Il est un dernier signe qui corroborant les deux précédents, ou corroboré par eux, indique le sexe d'une manière absolue : c'est le plumage du dos à la naissance du cou.

Le mâle est orné de plumes grises à reflet bleuté, d'une teinte se fondant régulièrement depuis le milieu du cou jusqu'au dos, et ne présentant aucune strie de nuance particulière. La femelle, moins brillante, porte à la base du cou des plumes rappelant, par leur nuance, celle du milieu du dos à stries régulières et toutes couvertes de petits points d'un brun jaune clair, ressemblant à de gros grains de sable allongés. Il y a certes des sujets plus ou moins bien marqués, dans les deux sexes, mais c'est généralement là que la différence est le mieux tranchée.

Enfin, comme dernier indice, quand par hasard tous ceux ci-dessus indiqués ne se trouvent pas assez caractérisés pour donner une certitude, il faut tenir compte de l'attitude de l'oiseau. Le mâle, toujours aux aguets, se dressant debout, comme pour découvrir de plus loin, semble chercher à dilater sa poitrine pour rendre son cri plus retentissant; quand il marche, c'est par saccades; il fait trois ou quatre pas, puis s'arrête et reprend son attitude provocante. Il semble ne se sentir jamais assez grand, ni assez gros et faire tous ses efforts pour augmenter sa taille et son ampleur. Il y a du paladin dans le perdreau

au moment des amours; son courage égale son
orgueil et c'est plaisir de voir avec quelle crânerie
il s'expose, sans souci du danger et sans conscience
de sa faiblesse. L'allure de la femelle offre un con-
traste frappant : toujours timorée, marchant horizontalement, ne se redressant que pour se mettre à
l'essor; il est presque impossible, dans une volière,
d'apercevoir sa poitrine; elle fuit ou se rase, c'est

Tête de femelle et plume de la base
du cou.

une agitation fébrile, conséquence d'une perpétuelle
frayeur.

Entre deux perdrix accouplées, la différence du
sexe saute aux yeux. On ne supposerait jamais, en
les distinguant aussi facilement, que l'embarras soit
si grand, quand il s'agit de faire choix dans une
compagnie.

*
* *

Dans les parquets d'amateurs, un des pires ennuis

de l'élevage commence à se manifester; sous l'influence d'une ponte très active, d'une dépense anormale de vitalité et d'énergie, les poules éprouvent le besoin d'une alimentation plus riche et plus excitante, et ne trouvant pas à leur disposition les insectes, les larves, la verdure, les petits coquillages qu'elles rencontreraient à volonté dans les champs, elles s'attaquent à ce qui se rapproche le plus de ces divers aliments, à leurs propres plumes, qu'elles s'arrachent les unes aux autres, avec une sorte de voracité sauvage, au point de se déplumer presque complètement. C'est là d'ailleurs une maladie désignée sous le nom de picage, nom venant lui même de *pica*, qui signifie dépravation du goût causée par une maladie d'estomac. On prévient le picage plutôt qu'on ne l'arrête par des distributions fréquentes de verdure, chicorée sauvage, oseille, feuilles de choux, de laitue, abondantes en cette saison, et aussi par des distributions de viande desséchée ou de sang cuit et de poudre d'os, incorporés à du pain trempé ou à de la farine de maïs délayée en pâte épaisse.

Avec ces précautions bien simples et un peu de surveillance, on atteint sans encombre la date des grandes expositions de printemps, où les bêtes les plus brillantes, les mieux en santé, ont toutes les chances de succès.

MAI

—

Mai, ponte générale. C'est le mois de la moisson pour les œufs : poules, canes, oies, dindes, pintades, perdrix, faisans, pigeons et oiseaux de toutes sortes, captifs ou sauvages, en parquets comme dans les bois et les guérets, tout pond, tout couve, tout éclôt.

On peut encore faire quelques couvées des grandes races asiatiques, Brahma, Cochins, Langshan, Malais, Indiens, et aussi des Dorking et des Plymouth, mais c'est la limite extrême. C'est au contraire le meilleur moment pour toutes les races françaises, sauf pour les Barbezieux qu'il eût été préférable de faire naître au cours du mois précédent, à cause de leur taille excessive et de leur développement un peu plus lent. Toutes les autres, ainsi que les races étrangères, ayant à peu près même taille et même tempérament, ne peuvent naître en meilleur moment pour obtenir leur maximum de taille et d'ampleur et pour arriver en bon rang aux expositions d'hiver.

Il est à remarquer, pour toutes les races à croissance rapide, que les sujets nés trop tôt ne sont jamais les plus gros ; quand les coquelets se sentent adultes par les beaux jours de juillet, quand le soleil

excite leur tempérament déjà porté tout naturellement à être trop nerveux, ils usent et abusent de

Coq de Barbezieux.

leur vigueur prématurée et leur croissance s'arrête.
A l'entrée de l'hiver ce sont de vieux coqs, ardents,
brillants, mais ayant fait plus de nerfs que de muscles, ayant déjà un petit air vieillot à l'époque où ils

devraient être dans tout l'épanouissement de leur jeunesse. De même les poulettes ont déjà fourni une ponte en juillet-août, leur crête est dilatée outre mesure, le lustre de leur plumage a disparu; ce sont des poules trop minces pour être mises en parallèle avec les plus vieilles, trop défraîchies pour être comparées aux plus jeunes.

En somme, la mise en incubation au commencement de mai pour avoir des éclosions dans la dernière semaine, ou au plus tard dans les premiers jours de juin, époque coïncidant avec l'éclosion des œufs de perdrix, dans les champs, est ce qu'il y a de mieux pour obtenir, avec la plupart des races, les meilleurs reproducteurs et les plus beaux champions d'exposition.

*
* *

C'est aussi le moment où le clapier est en pleine activité. Les lapines sont à leur deuxième portée et sont déjà pleines pour la troisième. La nourriture abonde pour les lapereaux, qui commencent à devenir de sérieux consommateurs; chicorée sauvage, pimprenelle, pissenlits, leurs aliments préférés et en même temps les meilleurs et les plus sains. Faute de mieux on peut leur donner du sainfoin, de la luzerne, du trèfle rouge, mais à la condition que ces fourrages soient distribués aussitôt cueillis, qu'ils n'aient pas été mis en tas et n'aient pas subi le moindre commencement de fermentation.

Peu importe qu'ils soient humides de rosée ou mouillés de pluie, pourvu qu'ils n'aient pas eu le temps

de s'échauffer en tas. Il est admis partout qu'il ne
faut, à aucun prix, donner de l'herbe mouillée aux
lapins; que cela leur donne le gros ventre : explication
bien simple trouvée par les bonnes femmes de campagne, « l'eau leur emplit le ventre et le fait grossir ». Ce n'est pas tout à fait cela : plus l'herbe est
humide, plus elle fermente vite; un tas d'herbe mouillée
de deux ou trois mètres cubes dégage à son centre,
au bout de quelques heures seulement, une chaleur
telle qu'il est difficile d'y maintenir la main. Dans
une voiture d'herbe humide ramenée des champs, le
milieu est chaud en arrivant à la maison. — Si l'on
donne cette herbe aux lapins dont l'estomac n'est pas
fait pour digérer des aliments fermentés, et surtout
si l'on en fait la nourriture ordinaire, une entérite se
déclare, le ventre se ballonne, l'amaigrissement s'ac-
centue et la mort arrive à bref délai. Quant à l'eau
par elle-même, elle n'est pour rien dans la maladie.
A l'état libre le lapin ne mange guère que la nuit et
toujours, ou du moins le plus souvent, il ne broute
que de l'herbe humide de rosée; les jours de pluie ne
sont pas pour lui jours de jeûne, et il ne se prive pas,
quand il trouve de l'eau claire et fraîche, de boire
comme tous les autres animaux, et il ne s'en porte
pas plus mal. C'est une hérésie de priver d'eau les
lapins en captivité. S'ils vivent tout de même sans
boire, ils n'en seraient que mieux d'avoir toujours
à leur disposition de l'eau fraîche et propre et n'auraient pas le ventre plus gros pour cela. — On éviterait
même un certain nombre d'accidents : il arrive très
souvent que de jeunes femelles dévorent leurs petits
aussitôt nés. C'est la conséquence d'une fièvre que

l'alimentation ordinaire exagère au lieu de calmer; cela se produit bien rarement dans les clapiers où l'on a coutume de donner à boire à discrétion.

Les lapereaux nés en février sont assez forts pour que l'on sépare les mâles des femelles. — Si on les laissait ensemble, ce serait un tourment perpétuel pour les jeunes femelles, une agitation constante suivie de batailles chez les mâles et, pour tous, cause d'amaigrissement et de maladies de toutes natures. — Les femelles seules peuvent vivre ensemble sans désaccord, mais il n'en est pas de même des mâles. Le lapin est un des animaux les plus exubérants, son tempérament est des plus ardents, et il n'est pas possible de maintenir plusieurs mâles dans un même local, si vaste soit-il, sans que leur temps se passe en poursuites, en luttes, en batailles, dont les conséquences sont souvent funestes. — Il n'existe qu'une méthode pour obtenir le calme indispensable au développement normal, à la bonne santé et à l'engraissement, c'est de couper le mal dans sa racine, c'est-à-dire d'opérer la castration. C'est le seul moyen de conserver des lapins toujours à disposition, de les avoir gras et dodus, avec poil court et brillant.

L'opération, loin d'exiger les lumières d'un homme de l'art, ou l'habileté d'un spécialiste, est des plus simples, et peut être pratiquée par le premier venu, avec un peu d'attention. Quand on l'a faite cinq ou six fois, on peut se poser en praticien. — On pourrait, à la rigueur opérer seul, en entravant le patient, mais il est plus simple d'avoir un aide, dont la mission d'ailleurs ne demande ni beaucoup d'efforts, ni beaucoup d'intelligence. Si l'opéré doit forcément appartenir au

sexe masculin, l'opérateur et son aide peuvent être
de n'importe quel sexe.

Voici la façon de procéder. Le lapin sera âgé d'environ trois mois et bien portant. Autant que possible il n'aura pas mangé depuis une douzaine d'heures.
L'opérateur n'a pas besoin d'instruments ; il ne lui
faut que de la ficelle bien lisse, de bonne qualité, du
type dit : « Petit fil fouet », qu'il coupe par bouts de
0^m,40 environ. Il préparera avec cette ficelle un nœud

Nœud de la saignée.

de saignée, dont l'œil aura trois ou quatre centimètres d'ouverture. C'est là le seul point un peu délicat
de l'opération.

On appelle nœud de saignée celui qui se fait sur
deux tours de ficelle et, une fois serré, reste au point
où on l'a amené sans nullement glisser ni se desserrer
en attendant qu'il soit assujetti par un second nœud.
— Ceci prêt, l'aide, muni d'un tablier, se place sur
une chaise ou, de préférence, sur un siège un peu
élevé, sur le bord d'une table, par exemple, afin que
son partenaire n'ait pas trop à se baisser. — Il prend le

lapin sur ses genoux et, le saisissant de chaque main,
à la fois par la patte de devant et par celle de derrière,
il l'assied, en quelque sorte, entre ses jambes, le dos
appuyé contre lui, présentant le ventre, les pattes
bien écartées.

L'opérateur prenant alors les testicules, en fait
descendre un séparément, par une très légère pression, bien au fond de la bourse, et le fait passer dans
le nœud de la ficelle ; puis, dès qu'il est bien main-
tenu, il serre le nœud au maximum jusqu'à ce que
le lapin fasse entendre un petit cri, ou fasse un sou-
bresaut. — A ce moment le serrage est suffisant, et un
nœud définitif fixe le premier. — Le second testicule
est traité de même, puis les bouts de ficelle sont
coupés assez courts pour que le lapin ne puisse les
prendre avec ses dents, ce qu'il ne manquerait pas
de faire s'il le pouvait, pour chercher à s'en débarrasser, et il ne parviendrait qu'à se blesser. Le patient
est aussitôt remis en liberté, sans soins ni médicaments particuliers. Pendant quarante-huit heures
il a parfois un peu moins d'appétit que d'ordinaire
et, si on vérifie son état par une pesée, on peut constater une perte de poids de quelques grammes ; mais,
au bout de trois jours, il a retrouvé toute sa vigueur
et a repris, quant au poids, une progression qui, à
partir de ce moment, est sensiblement plus accentuée qu'auparavant.

Quant à la partie sectionnée par la ficelle, elle
tombe d'elle-même au bout de quelques jours, sans
émission de sang, sans suppuration et sans laisser
la moindre cicatrice.

Cette opération est tellement simple à faire, elle

produit de tels avantages pour la facilité d'entretien, pour la conservation et pour l'engraissement des lapins, qu'on se demande toujours, quand on s'est une fois rendu compte de ce qu'elle est, pourquoi on

Opération de la castration.

ne l'a pas encore pratiquée, et pourquoi elle n'est pas universellement appliquée. — Le mot engraissement que nous venons d'employer n'est pas précisément juste. On n'engraisse guère les lapins, on cherche plutôt à les amener rapidement au plus grand développement possible.

Le gavage mécanique n'étant pas ici en situation, c'est uniquement sur l'alimentation que doit reposer le principe de l'engraissement. Quelques profonds inventeurs ont construit des épinettes spéciales auxquelles ils attachent une vertu d'autant plus grande, qu'ils ont un plus beau bénéfice à les fabriquer. Le meilleur de ces instruments ne vaut pas un peu d'hygiène. Pour inciter le lapin à manger plus que ne comporte son appétit ordinaire, il lui faut avant

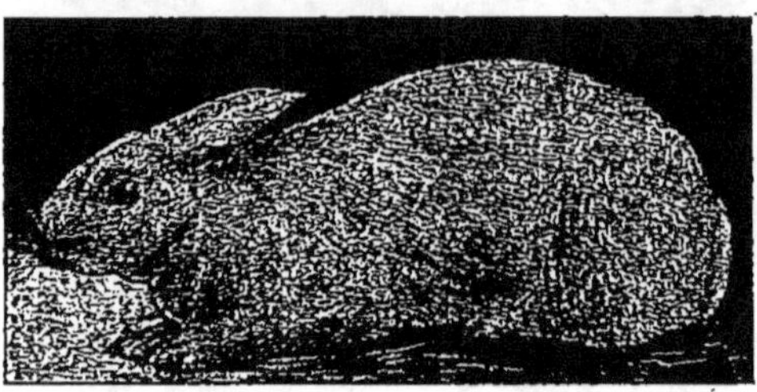

Lapin argenté castré.

tout le plus grand confortable : une niche saine, bien aérée, abritée du vent, placée dans un endroit calme, où la température soit la plus régulière possible, et une excessive propreté. Il est élémentaire aussi de varier la nourriture, de la distribuer souvent et en petite quantité, en prenant bien soin de ne jamais laisser dans le râtelier ou dans l'augette, ce qui n'a pas été consommé au repas précédent. Mais tous ces soins, qui rentrent dans l'hygiène générale, qui sont indispensables pour entretenir les lapins dans un bon état d'embonpoint, ne suffiraient pas pour obtenir l'engraissement excessif, comme on le recherche chez les grands marchands de comestibles, ou dans les concours d'animaux gras. Il faut un aliment substantiel, poussant à la graisse, qui soit en même temps sain et agréable au goût. On emploie généralement le son et l'avoine, mais l'un et l'autre ont de graves inconvénients : le son est bien pauvre en principes nutritifs, il emplit inutilement l'estomac, et amène la satiété ; par suite de sa légèreté, il est facilement rejeté hors des augettes au moindre mouvement des lapins et l'on trouve souvent, gâchée dans la litière, une quantité de son égale à celle qui a été consommée. De plus, le son est d'un prix relativement élevé qui ne permet pas de l'employer avantageusement. L'avoine serait préférable, mais elle est trop échauffante, produit trop de sang et peut amener des congestions. Le meilleur grain est le maïs concassé. Les lapins le mangent facilement et s'en montrent très friands. Très nourrissant sous un petit volume, le maïs concassé peut être distribué par faibles rations et jamais on ne constate la moindre perte dans la litière. — Substantiel, sans être échauffant, il produit promptement une graisse dense et fine et donne à la viande une saveur toute particulière. — Dans tous les clapiers où le son a été remplacé par le maïs concassé, la mortalité est presque nulle ; on peut aussi constater, et c'est un point capital en élevage, une économie sensible.

Diminution de dépense, augmentation de produit, c'est le meilleur conseil que l'on puisse donner pour arriver à se faire... trois mille francs de rente en élevant des lapins.

JUIN

———

Juin, c'est le mois des foins et des nids de perdrix ; les faisandeaux éclosent au bois et les dindonneaux commencent à faire leur apparition.

Dans toute ferme pourvue d'une couveuse artificielle, on prévoit que les faucheurs de foin vont mettre à découvert quelques nids de perdrix que la mère abandonnera, et, si l'incubation de ces œufs n'est pas immédiatement continuée, ce sera autant de compagnies supprimées pour la chasse prochaine ; afin de parer à cet accident probable, on réserve, dans la couveuse en marche, une place vide pour recevoir les œufs de perdrix aussitôt qu'ils arrivent des champs. Dans une couveuse de 100 œufs, par exemple, on ne fait couver, pendant la période correspondante à la fauchaison, que 60 œufs de poules, réservant ainsi la place de 40, c'est-à-dire de 50 à 60 œufs de perdrix. Ceux-ci arrivant toujours avec un commencement d'incubation plus ou moins long, n'ont à passer que quelques jours dans la couveuse et la place est de nouveau disponible pour d'autres, s'il s'en présente. Autant d'œufs de perdrix frais pondus ou n'ayant pas subi un refroidissement de plus de cinq à six heures, on mettra dans une couveuse bien conduite, autant il en éclora, et l'éclosion totale se fera toujours en l'espace de quelques heures, sans morts et sans embarras dans les coquilles et avec autant de facilité que de rapidité.

Cela tient évidemment à la vitalité toute spéciale d'oiseaux sauvages vivant en pleine liberté. Et, à ce propos, il est à remarquer que, plus les oiseaux sont domestiqués, apprivoisés, tenus en parquet, moins leurs œufs éclosent facilement; la pintade, qui tient une place intermédiaire entre la poule et la perdrix, qui a conservé son caractère primitif, qui vit, même dans nos basses-cours, avec une indépendance semi-sauvage, qui pourvoit, par suite, presque complètement par elle-même, à sa nourriture et satisfait ainsi ses goûts et ses besoins, donne des œufs dont la moyenne d'éclosion est supérieure à celle des œufs de poules. Et enfin, parmi les poules, celles de race pure se rapprochant le plus d'un type primitif, celles vivant librement aux champs, ayant grand air, exercice et nourriture variée et appropriée à leur tempérament, fournissent de meilleurs œufs, pour l'éclosion, que les poules privées de parcours, recluses dans une cour pavée, n'ayant, en somme, aucun des éléments pouvant rappeler l'état sauvage et végétant, plutôt qu'elles ne vivent, dans des conditions d'hygiène absolument contraires à leur constitution.

Pour revenir aux œufs de perdrix, il est une précaution bonne à prendre, surtout dans les grandes exploitations : les faucheurs ont parfois près d'une heure de chemin à faire pour regagner la ferme, et, comme leur temps est précieux, ils hésitent souvent,

quand ils découvrent un nid, à l'apporter immédiatement; le soir, au retour, les œufs sont froids et
s'ils ont plus de cinq ou six jours d'incubation, ils sont
quelquefois perdus. Pour éviter à la fois perte de
temps et risque de perte des œufs, on a fabriqué une
sorte de petite couveuse portative dénommée boîte à
transport, sorte de sac de voyage en bois, contenant un récipient rempli d'eau bouillante, dans lequel
la chaleur se conserve au moins douze heures; les
faucheurs emportent cette boîte le matin et la laissent
à proximité de leur champ; s'ils trouvent un nid, ils
n'ont qu'à ramasser les œufs, à les poser dans la
boîte et à reprendre leur travail jusqu'au soir. De
cette façon l'incubation ne subit aucune interruption
et toutes les nichées sont sauvées, car, une fois éclos,
les petits perdreaux s'élèvent très facilement. On
agit de même pour les nids de cailles.

On fait également éclore, et sans jamais qu'il en
manque un seul, les œufs de râles de genêt. Mais les
râles, aussitôt éclos, plus solides qu'un poulet de huit
jours sur leurs pattes longues et minces, courent en
tous sens, se faufilent partout, impossibles à maintenir
dans un parc quelconque, sauf dans une boîte presque
fermée et, malgré leur vivacité extraordinaire, refu-
sent de manger; ni menus grains, ni larves de fourmis, ni vers hachés menus, ni mouches même, ne les
tentent, et ils meurent d'inanition au bout de deux
ou trois jours.

Malgré tout le charme que le râle de genêt donne à
une chasse, il faut renoncer à son élevage et s'en rapporter à lui seul, pour les soins du repeuplement.

Pour les perdreaux et les cailleteaux, la meilleure

nourriture, ou plutôt la nourriture indispensable, est l'œuf de fourmis. — On peut au besoin y suppléer par des œufs de fourmis artificiels ou du sang cuit, mais la larve naturelle est toujours préférable. — La recherche des œufs de fourmis est parfois pénible et difficile, mais elle est largement compensée par les résultats que l'on obtient. Il est facile de s'en procurer partout, pendant la saison de l'élevage.

Quand les bois ne sont pas à proximité on trouve dans la plaine les nids de petites fourmis, sortes de buttes en terre friable, dont les œufs sont excellents. — Dans les bois comme dans la plaine, les fourmilières se cultivent facilement et l'on peut toutes les trois semaines faire la récolte des œufs, à condition d'agir avec méthode et précaution. Au lieu de tout bousculer, on déplace avec soin le dessus de la fourmilière jusqu'à l'endroit où se trouvent les œufs. Après les avoir enlevés on les remplace par une poignée de branchages avec les feuilles, ou d'herbes que l'on recouvre avec la terre mise de côté. Ces branchages ont le double effet de laisser des passages dans lesquels les fourmis circulent librement et ils dégagent, par la fermentation, une chaleur très propre à l'incubation des œufs; aussi les fourmis s'empressent-elles de recommencer une ponte dans un nid si favorablement disposé, et bientôt éleveur et perdreaux profitent d'une nouvelle récolte.

La récolte faite, pour ne pas faire envahir la maison par les fourmis, que la pièce la mieux close ne tiendrait pas enfermées, on vide le sac que l'on vient de rapporter dans un récipient quelconque en zinc, vieille baignoire, vieux réservoir ou objet analogue, et, à 10 centimètres du bord, on trace à la craie ou au blanc d'Espagne un trait bien accentué, sans solution de continuité. — Les fourmis sont prisonnières. Toutes, aussitôt déposées dans le récipient, tentent l'escalade, mais arrivées à la ligne blanche, elles dégringolent et, après quelques essais infructueux, constatant l'impossibilité de s'enfuir, elles songent à sauver leurs larves et à les mettre en sûreté.

On profite de cette disposition spontanée pour leur faire trier elles-mêmes les œufs, afin de pouvoir les distribuer aux perdreaux sans terre, ni brindilles et surtout sans fourmis. On prend, à cet effet un pot à fleur que l'on recouvre d'une toile ou d'un papier fixé avec une ficelle et on place ce pot, sur le côté, enfoui à moitié de son épaisseur dans le tas de brindilles, de façon que le petit trou du fond soit juste au niveau du dessus du tas. — Au bout de quelques instants on verra toutes les fourmis ramasser chacune un œuf et s'introduire par l'étroit orifice pour aller déposer la précieuse larve au fond du pot, puis, vivement, ressortir pour aller en rechercher une autre. — Quelques heures après le pot est presque rempli et il n'y a qu'à faire la distribution, puis à le remettre en place à nouveau jusqu'à épuisement.

Rien n'empêche, quand ce service est bien organisé, et qu'on peut ainsi avoir à peu près à discrétion les œufs de fourmis, d'en donner aux poussins, aux pintadeaux, aux dindonneaux; cela ne peut en aucun cas leur être nuisible et ne peut que faciliter l'élevage.

Les œufs de dindes aussi éclosent régulièrement dans la couveüse. C'est encore un oiseau dont le type est

resté identique à celui de l'ancêtre sauvage, et sa vitalité, par conséquent sa force de reproduction, est plus grande que celle des poules, transformées, déformées, étirées en tous sens et n'ayant conservé que le nom seul de leur auteur primitif. Quoique les dindonneaux s'élèvent très bien avec la mère artificielle, il est bon de prévoir qu'ils doivent marcher en troupeau pour, dès l'âge de trois semaines, pâturer toute la journée et ensuite courir les champs, aussitôt la moisson faite. Il est donc préférable de les faire conduire par une dinde qui les maintiendra ensemble et au besoin les défendra contre les oiseaux de proie, les chats et même les chiens. Il n'est pas nécessaire qu'une dinde ait couvé pour adopter des poussins; pourvu qu'elle demande à couver cela suffit. On peut facilement lui confier cent dindonneaux qu'elle trouvera moyen d'abriter suffisamment, tant qu'ils auront besoin de chaleur et qu'elle conduira ensuite aux champs avec toute la sollicitude voulue.

Les dindonneaux n'exigent pas de soins particuliers, ce sont plutôt des soins généraux d'hygiène, mais qu'il faut appliquer dès la naissance pour éviter les accidents ultérieurs.

La prise du rouge notamment est une phase de l'existence toujours dangereuse, souvent mortelle, chez ces jeunes oiseaux. C'est le moment où apparaissent les caroncules qui doivent recouvrir la tête du dindon. Celles-ci percent comme de petits boutons blancs au milieu du léger duvet qui occupait leur place depuis la naissance, et qu'elles vont bientôt faire disparaître, en absorbant peu à peu toute la place, comme ferait une mousse parasite, dont quelques brins poussés au hasard, finissent par tapisser tout l'espace disponible au détriment de toute autre végétation. Peu à peu, ces petites excroissances blanchâtres, prennent une teinte rosée, se dilatent de plus en plus et finalement, deviennent de ce beau rouge vif, dont le dindon adulte paraît si fier et qu'il transforme à son gré, suivant ses impressions de colère, de désir ou de satisfaction, en violet, en bleu, en blanc rosé, en nuances tellement changeantes qu'on y pourrait trouver toutes les couleurs de l'arc-en-ciel.

Cette prise du rouge qui commence environ à l'âge d'un mois, parfois plus tôt, quelquefois un peu plus tard, suivant la vigueur des élèves et suivant la température, n'est pas une crise et passe absolument inaperçue quand les sujets sont robustes, et n'ont pas souffert depuis leur naissance. Mais s'il y a la moindre anémie, si les commencements de l'élevage ont été difficiles, si le libre parcours dans la prairie fait défaut, il y a crise, et crise très dangereuse qui décime parfois la majeure partie de la couvée.

Pour prévenir tout accident, ce n'est donc pas au moment même de la prise du rouge, de la pousse du bourgeon, comme on dit dans certaines contrées, qu'il y a lieu de donner des soins particuliers, c'est depuis la naissance qu'il convient de veiller à entretenir les dindonneaux dans le meilleur état de vigueur possible, par une nourriture tonique et en évitant surtout les pâtées débilitantes, et, entre autres, la fameuse pâtée de petit son, si chère aux bonnes femmes de nos campagnes.

Le dindon, quoique domestiqué, n'est pas encore bien loin de l'état sauvage et, comme aux faisans, comme aux perdreaux, il lui faut, surtout aux premiers jours de son existence, une nourriture équivalente à celle qu'il aurait dans les forêts, s'il était né en liberté. Là, certes, il ne trouverait ni son, ni farine d'orge délayée dans de l'eau claire, mais des insectes, des petites baies, de l'herbe, des larves de fourmis, etc.

L'équivalent, sous une forme un peu atténuée, doit donc consister en un mélange de mie de pain rassis, d'œufs durs et de salades hachés, additionnés d'un peu de sang conservé, pour remplacer les insectes ou les œufs de fourmis. Un peu plus tard, on remplace la salade par l'ortie hachée dont le dindonneau se montre très friand, on joint même quelques

oignons au mélange. Dès l'âge de trois semaines, il
est bon d'ajouter du chènevis pilé à la nourriture, et
d'augmenter un peu la dose de sang conservé. Il va
sans dire que la liberté et la promenade quotidienne
dans la prairie, excepté par le temps humide, est le
complément indispensable de cette nourriture tonique et excitante. — Dans ces conditions les caroncules se forment tout naturellement, sans crise et

sans le moindre arrêt dans le développement général.

A ce moment, les dindonneaux sont rustiques et ne
craignent plus qu'une chose : les excès de chaleur.
Aussi faut-il bien se garder de les renfermer, la nuit,
dans des poulaillers trop étroits. Le meilleur refuge,
pour la nuit, est un hangar clos de trois côtés ou un
poulailler assez vaste, fermé par une porte grillagée.

L'appétit devenant de plus en plus grand, on peut
donner un repas de farine de maïs ou de sarrasin,
suivant la contrée, bref employer l'aliment le plus
économique pour attendre la moisson, époque à la-

quelle les dindonneaux, conduits par troupes dans les champs, devront trouver leur subsistance entière jusqu'au moment où ils seront soumis à l'engraissement.

Vers la fin de juin, les poules que l'on aurait voulu voir toutes demander à couver le mois précédent, et qui paraissaient peu s'en soucier, pour la plupart, usent et abusent des manifestations maternelles. Maintenant que l'on n'a plus besoin de leurs services, elles s'acharnent à garder le nid, couvant un œuf de verre ou même la paille avec une obstination désespérante. Il y en a qui, pendant six semaines, persistent à vouloir couver, que l'on a beau chasser du nid plusieurs fois par jour, que l'on bouscule même, que l'on trempe dans l'eau, que l'on martyrise un peu de toutes façons, rien n'y fait ; si l'on retire le nid, elles couveront même sur le sol du poulailler. Il est un moyen bien simple de calmer ce zèle intempestif et d'avoir raison, en trois jours au plus, des couveuses les plus endurcies : c'est de les prendre le soir, à la tombée de la nuit et de les faire coucher sur une branche d'arbre, à la belle étoile et, le lendemain matin, avant qu'elles n'aient mangé, de leur faire avaler une cuillerée à café d'huile de ricin ; le soir et le jour suivant, s'il le faut, les reporter dans l'arbre. — Ce régime rafraîchissant a bientôt calmé la fièvre d'incubation.

JUILLET

—

Comme sur l'almanach, juillet commence, pour l'aviculteur, la deuxième phase de la campagne. Sauf pour les races naines et quelques oiseaux aquatiques, il n'y a plus à se préoccuper d'élevage. Les reproducteurs, soigneusement séparés jusqu'ici, peuvent être mis en liberté pour courir tous ensemble dans le parc ou aux champs. Ils amasseront ainsi, mieux que dans les parquets les plus soignés, provision de santé pour faire leur mue et se préparer aux concours d'automne ; cela constituera aussi une économie sensible de nourriture et de soins de nettoyage. Tous ceux qui pourront et voudront bien coucher dans les arbres seront les mieux partagés ; à défaut, un hangar clos de trois côtés sera le meilleur poulailler pour les nuits d'été. Si quelques coqs, trop batailleurs, ne sont pas capables de comprendre la vie commune en liberté, on les laissera seuls, chacun dans son parquet respectif, réfléchir aux avantages de la monocratie sans partage ; ce régime d'isolement remplacera pour eux les longues promenades dans les prairies et ne pourra que leur être salutaire.

On profitera de ce moment où les poulaillers des

parquets seront inhabités pour y faire les réparations nécessaires après une année de service, et surtout pour les débarrasser des mites, acares, poux et parasites de toutes natures qui, même dans les mieux tenus, ont fait invasion après un mois de grandes chaleurs. C'est un travail urgent, non seulement pour la santé des animaux, mais pour ceux et pour celles qui dénichent les œufs et fréquentent les parquets. — A fin juillet il n'existe nulle part un seul poulailler habité depuis le commencement de l'année, dans lequel on puisse entrer sans ressentir, un instant après, un prurit quelconque. Il est vrai que les auteurs de ces démangeaisons sont des infiniment petits, de goût très raffiné et très délicat, qui trouvent la peau humaine, fût-elle celle du sexe qui possède la plus fine et la plus blanche, trop grossière pour eux et s'empressent de déguerpir dès qu'ils ont constaté qu'ils ne trouveraient pas, sous cette peau, le sang de poulet qui leur convient; mais, néanmoins, le temps de reconnaître leur erreur et d'abandonner la proie qu'ils croyaient avoir conquise, ils n'en font pas moins un certain nombre de démarches, de circuits et d'allées et venues fort désagréables et dont chacun sera bien aise d'être dispensé.

Le seul moyen de supprimer radicalement les poux dans un poulailler mobile, est, s'il est en bois brut, de le peindre intérieurement et extérieurement au carbonyle ; s'il est peint à l'huile, d'y faire la même opération avec du pétrole. Avec l'un comme avec l'autre produit, une peinture complète, ne laissant pas le moindre coin à découvert, est indispensable.

Dans les poulaillers en maçonnerie, si les murs

sont crépis, le carbonyle est excellent; si les pierres sont apparentes, le pétrole lancé avec un pulvérisateur est nécessaire; si la construction est trop grande et trop grossière pour que l'on doive renoncer à faire pénétrer le pétrole dans toutes les anfractuosités, il n'y a plus qu'à recourir au moyen héroïque de l'acide sulfureux, c'est-à-dire à faire brûler du soufre après avoir fermé toutes les issues, mais en prenant toutes les précautions nécessaires, et même celles qui ne le sont pas, contre les dangers d'incendie, et, après l'opération, contre les dangers d'asphyxie aussi bien pour les bêtes que pour les gens.

Si soigneusement que soit fait le nettoyage des poulaillers, celui-ci serait incomplet, on pourrait même dire inutile, si l'on ne faisait une opération analogue sur les bêtes qui les habitent.

Quelques acares résident bien au poulailler, ne sortant que la nuit pour se repaître du sang des volailles et rentrer, au matin, digérer tranquillement dans leur retraite; ceux-là sont détruits par les procédés que nous venons d'indiquer, mais d'autres élisent domicile sur les poules elles-mêmes, et déposent aussi bien leurs œufs à la base des plumes que dans les fissures des planches et sur les perchoirs : ceux-ci fondent une tribu n'importe où la poule repose et pullulent avec une rapidité extraordinaire. Il est donc de toute nécessité, pour les détruire entièrement, d'en débarrasser à la fois l'habitant et l'habitation. Peindre la poule au pétrole, comme le poulailler, est un moyen qui a été longtemps préconisé, mais il est absolument vicieux : partout où le pétrole touche les acares, il les tue net, mais il ne peut guère, en même temps, ne pas toucher la peau; il y fait une sorte de brûlure qui forme croûte. Si la peau était ainsi touchée partout, ce serait une véritable plaie qui deviendrait mortelle. Or, si le pétrole n'a pas passé partout, les acares qui n'ont pas été atteints se soucient peu de l'odeur et trouvent même sous les croûtes, formées auprès de leur demeure, un excellent terrain pour le dépôt de leurs œufs dont une fièvre locale facilite et précipite l'éclosion.

Les seuls modes pratiques de détruire jusqu'au dernier et instantanément tous les acares pouvant se trouver sur une poule, sont le bain de barèges et la boîte à fumigation. Donner des bains à une poule semble à première vue, assez original. Rien pourtant n'est plus simple, plus sûr, plus expéditif et moins coûteux. Pour ce faire : un grand seau en bois ou en tôle galvanisée ou de préférence un tonnelet de 60 litres environ dont on retire un fond ; on l'emplit d'eau à 30 ou 35 degrés ou plus simplement d'eau que l'on a laissée en plein soleil pendant quelques heures. On fait dissoudre, dans cette eau, du barèges, ou sulfure de potasse, dans la proportion de 15 à 20 grammes par litre d'eau, et, quand la dissolution est complète, le bain est prêt. On opère, autant que possible, avant midi, par un beau temps, pour que les poules aient le temps de se bien sécher avant le soir. Pour donner le bain dans de bonnes conditions, si les sujets sont nombreux, il est bon d'opérer à deux : l'un saisit la poule, d'une main par les deux ailes, de l'autre par la crête ou par la huppe et la plonge dans l'eau jusqu'au bec ; l'autre frotte les pattes, passe la main sous les plumes, aux ailes, au croupion, au cou, de façon à bien faire pénétrer partout l'eau jusqu'à la peau, lave la huppe, la gorge, les favoris; cela demande deux ou trois minutes. La poule est alors lâchée, si elle était préalablement en liberté, ou, sinon, elle est placée dans un panier à claire-voie, en plein soleil, jusqu'à ce qu'elle ait perdu son aspect vraiment drôle et lamentable, mais nullement inquiétant, de poule mouillée. Une heure après elle peut être remise dans son parquet. Deux hommes baignent ainsi facilement cent poules dans leur matinée.

Le lendemain, les plumes sont brillantes, plus bouffantes, les bêtes paraissent plus vives, plus alertes, et, plus tard, la mue se fait tout naturellement sans crise et sans accident. Dans un poulailler bien tenu les poules devraient passer au bain une fois par mois, pendant toute la belle saison. Certains amateurs, et non des moins avisés, usent même du bain en plein hiver en laissant leurs poules dans des paniers pendant plusieurs heures autour d'un poêle et en les maintenant jusqu'au lendemain dans la pièce chauffée.

Le bain est également applicable à des poulets de six à dix semaines que les poux ont attaqués et qui se traînent misérablement, la plume terne et l'œil atone; dès le lendemain, à condition d'être en même temps changés de poulailler, ils ont repris vigueur et leur aspect est modifié.

A défaut de bains, on peut employer la boîte à fumigation, vulgairement appelée, en langage d'aviculteur, « la boîte à poux », mais l'usage en est plus minutieux et beaucoup moins expéditif. C'est une sorte d'épinette dont le devant est fermé par une planchette à coulisse qui prend la tête de la poule dans une petite échancrure; tout le corps est enfermé dans la boîte, la tête seule est à l'air libre. Exactement au-dessous se trouve un petit fourneau sur lequel on fait brûler du soufre, dont toutes les vapeurs se dégagent à l'intérieur. Au bout de huit à dix

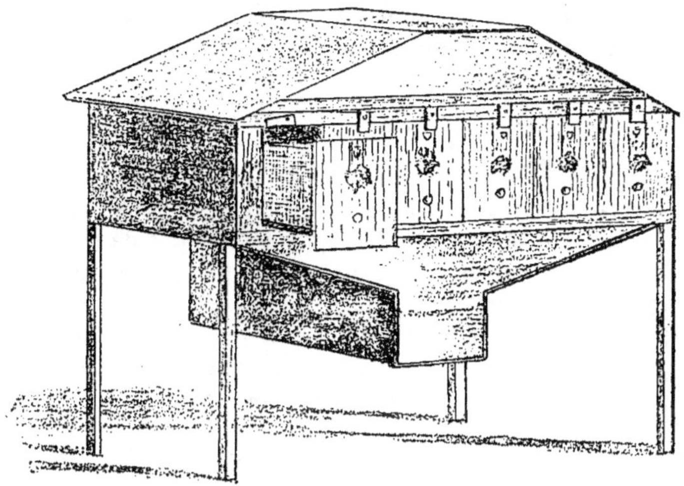

Boîte à fumigations.

minutes, tous les poux sont asphyxiés; ils tombent sur la planchette où reposait la poule, démesurément enflés; pas un seul n'a échappé, sauf ceux qui se trouvaient à la tête, hors de la boîte. On peut terminer l'opération par un lavage à la main de la huppe et du cou. Les boîtes à fumigation étant de quatre ou de six cases au maximum et chaque opération demandant dix minutes et même quinze, avec le changement

de bêtes, ce système n'est pratique que pour les basses-
cours de minime importance. L'opérateur devra ne
pas s'absenter un seul instant et surveiller tout le
temps les têtes des patientes, car, si juste et si bien
faite que soit l'échancrure de la coulisse, il peut arriver qu'une poule sans crête ou sans huppe, réussisse,
par un effort, à rentrer sa tête à l'intérieur et elle ré-
sisterait moins longtemps que les poux. En l'enlevant
de suite, il n'y aurait que quelques éternuements
sans conséquences.

*
* *

C'est aussi vers cette époque qu'apparaissent les
poulets à crête pâle. — On voit des bandes de poulets âgés d'environ trois mois, de développement normal, très bien portants jusqu'alors, auxquels on a
prodigué, depuis la naissance, les meilleurs soins et
la nourriture la plus confortable, prendre un aspect
misérable avec une crête tellement pâle qu'on la
dirait blanche.

Le premier mouvement, en présence de cette
transformation, est d'attribuer cette pâleur caractéristique à une maladie de la crête, et de chercher par
des frictions, par des pommades, à rendre à celle-ci
sa coloration primitive. — Mais rien n'y fait. Ce n'est
pas, en effet, un accident local, mais bien une maladie
d'ordre général, qui n'est autre que l'anémie arrivée
au dernier degré. Elle ne provient que de deux
causes, dont l'une est souvent la conséquence de
l'autre. La cause apparente, celle dont l'on peut constater l'existence au premier examen, est la vermine ;

5.

soulevez les ailes ou la queue du poulet et vous
verrez courir des petits poux rouges, tout gonflés
du sang de leur victime, vifs, alertes et resplendis-
sants de santé. C'est surtout sous le croupion, à la
naissance des grandes plumes caudales, que se
trouve le gros de la colonie. Il y a là une petite place
à peau fine, dépourvue de plumes et bien abritée,
hors de portée du bec de l'oiseau, où ils se réunissent
de préférence pour faire la sieste et préparer leurs
nouvelles attaques. On doit en trouver aussi dans les
murs du poulailler, sur les perchoirs, dans les pon-
doirs; ceux-là cependant sont moins faciles à voir,
car beaucoup ne sortent que la nuit et restent cachés
tout le jour dans les anfractuosités des murs.

Mais la cause initiale du mal ne vient souvent pas de
là; les poux ne s'attaquent généralement pas aux animaux pleins de vigueur et de santé; un sujet débile,
anémié, a toutes leurs préférences; c'est pour eux un
morceau plus tendre, plus délicat. Donc, la plupart
du temps, un poulet n'est pas malade parce qu'il a
des poux, mais il a des poux parce qu'il est malade,
et c'est la cause de cette maladie qu'il faut rechercher
pour le soigner. Nous avons vu plus haut comment
on peut détruire les poux.

Quant à l'anémie, d'où provient-elle chez des
poulets que l'on soigne avec toutes les précautions
voulues, à qui la nourriture saine et variée ne fait
jamais défaut? — d'excès de précautions peut-être,
de manque de prévoyance assurément.

Ces poulets, à l'éclosion, ont été mis avec leur
mère, naturelle ou artificielle, dans un local sain et
suffisamment spacieux pour eux. Ils sont si petits

et tiennent si peu de place, blottis les uns contre les
autres, qu'on regrette de n'en avoir pas dix fois plus
à renfermer dans la même pièce. Mais chaque jour
les poulets grossissent et l'on ne prend pas garde
que ce local, qui semblait si grand, n'est pas un poulailler suffisant pour des poulets presque adultes,
prenant autant de place et consommant autant d'air
que des poules. A ce moment survient un orage ou
une nuit très chaude, et les poulets, dans leur niche
trop étroite, respirent un air surchauffé, transpirent,
halètent et le matin, au réveil, aussitôt les portes de
leur étuve ouvertes, se précipitent sur l'eau fraîche,
buvant à longs traits un véritable poison qui ne
tardera pas à faire déclarer la bronchite ou l'angine
et, à la suite, s'ils n'en meurent pas immédiatement,
la phtisie ou l'anémie profonde qui les emportera
plus tard ou, en tous cas, les dispose si bien, dès
maintenant, aux attaques des parasites de toutes
espèces.

Les premiers symptômes du mal se produisent par
la pâleur de la crête et des barbillons, puis l'allure
devient lente, l'animal marche tout d'une pièce, il
ne cherche qu'à boire. Il est perdu à bref délai, si
on ne le débarrasse vivement et radicalement des
poux qui le rongent, si on ne le loge dans un poulailler très aéré et si on ne lui donne une alimentation
tonique et reconstituante avec beaucoup de liberté.
La nourriture devra surtout être azotée et se composer de viande et de sang desséchés. Le sang de
bœuf pur conservé en boîtes soudées est ce qu'il y
a de meilleur. Éviter la pâtée, ou y ajouter du sang
dans la proportion de 10 % ; comme grain, du sarrasin

ou de l'avoine avec un peu de chènevis, et donner de la verdure à discrétion et principalement des choux.

Quand on dispose de hangars clos seulement d'un côté et ne laissant pas place aux courants d'air, le meilleur moyen de remettre les poulets anémiques est de les faire coucher en plein air sous ces hangars. En y faisant aussi coucher les sujets bien portants, c'est le moyen le plus sûr d'éviter la vermine, l'anémie, et toutes les maladies analogues, et d'avoir toujours des poulets à la crête brillante et vermeille.

C'est en juillet enfin qu'il convient de commencer à mettre de l'ordre dans la population envahissante des jeunes élèves et des poussins déjà grandelets qui abondent de tous côtés. Les coquelets, bien que ne sachant pas encore s'ils parviendront à chanter, s'essaient néanmoins à émettre des sons gutturaux plus ou moins bizarres et, la face enluminée, la crête commençant à poindre et à prendre une teinte écarlate, se donnent des airs entendus avec des allures baroques auprès des poulettes. Avant que ces tentatives ne deviennent sérieuses, il est bon de mettre un frein à cette ardeur naissante, ou plutôt une barière entre les deux sexes. Tous les coquelets d'un côté, toutes les poulettes de l'autre, avec la plus grande étendue de terrain possible. — Chacun de son côté se developpera mieux. — On peut déjà, parmi les coquelets, discerner ceux qui auront des défauts devant les faire éliminer comme reproducteurs; c'est le moment de les diriger vers la salle d'engraissement ou directement vers la cuisine. On ne fera jamais trop de sacrifices pour laisser la place aux bons,

qui prospéreront d'autant mieux qu'ils seront moins
nombreux ; et il ne faut pas redouter de faire rôtir
un poulet de trois mois à peine ; c'est le moment, s'il
est bien venant, où il sera le plus délicat.

* *

Les oiseaux de luxe tels que les faisans, les canards
mandarins et carolins, les colins, les tinamous et
quantité d'oiseaux analogues commencent à prendre
des ailes, et si l'on veut un peu jouir de leur présence

Entrave.

dans le parc et ne pas être obligé de les renfermer dans
des volières, il est temps, soit par l'application d'une entrave, soit par l'éjointage, de modérer leurs tentatives
de vol, qui ne tarderaient pas à dégénérer en fugues.

L'entrave, excellente dans certains cas déterminés,
notamment pour son application aux poules faisanes,
reprises au bois et mises en parquet pour la ponte,
puis relâchées aussitôt après, est excellente aussi
pour maintenir des poules dans des parquets à clôture trop basse. En somme, son application ne peut
et ne doit être que temporaire.

Mais quand il s'agit d'oiseaux sauvages et de haut
vol, que l'on veut maintenir constamment captifs

tout en leur laissant libre parcours dans un parc, de
canards, de mouettes, de goélands, d'oiseaux aquatiques de toutes espèces que l'on veut laisser en liberté sur une pièce d'eau ou sur un étang, l'éjointage
s'impose et seul est pratique. Il ne dépare pas les
oiseaux et n'influe en rien sur la reproduction.

Quant à la souffrance imposée à l'oiseau, et devant
laquelle pourraient reculer quelques personnes au

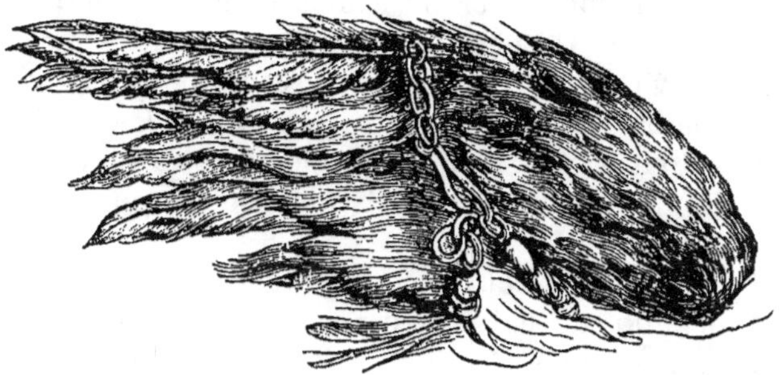

Aile entravée.

cœur un peu trop sensible, il faut bien s'imaginer
qu'elle dure à peine l'espace d'un moment et que
d'ailleurs la souffrance morale, la pire de toute chez
l'humanité, n'existant pas chez les animaux, une
opération est bien loin de leur causer l'impression
que nous supposons. La preuve en est dans l'attitude
d'un animal opéré, aussitôt qu'il est remis en liberté.
Rien, chez lui, n'indique la gène, l'embarras, la douleur ; il exprime au contraire la satisfaction d'être libre
et de courir à sa guise. Il n'a évidemment aucun
souvenir de ce qu'il vient d'endurer ; il n'est plus

tenu, il marche et mange librement ; c'est tout ce qu'il lui faut.

Mettons donc de côté, en ce qui concerne les animaux, toute sensiblerie et, tout en évitant les mauvais traitements et les tourments inutiles, modifions-les à notre gré, sans scrupule, suivant nos goûts et nos besoins.

L'opération de l'éjointage demande peu de préparatifs et un outillage peu compliqué : une planche, un ciseau de menuisier un peu large, et le premier marteau venu. On peut opérer de bien d'autres manières différentes, avec de forts ciseaux, pour les oiseaux de petite taille, avec un sécateur, avec des cisailles ; tout cela est bon, mais cependant ne vaut pas la section nette et vive du ciseau à bois frappé par un maillet.

Voici comme il convient de procéder : s'installer sur un billot de cuisine ou sur une planche assez épaisse, posée bien d'aplomb ; faire tenir, par un aide, le sujet à opérer, les pattes bien maintenues, dans une main et l'aile dépliée et posée bien à plat sur le billot, la face interne apparente. L'aile est composée de trois parties principales ; l'humérus ou bras de l'aile, le radius et le cubitus ou avant-bras, et les phalanges ou bout de l'aile. — Cette dernière partie porte les grandes plumes appelées rémiges qui constituent l'auxiliaire le plus puissant du vol de l'oiseau. En supprimant ces rémiges d'un seul côté, le vol devient irrégulier, l'oiseau boite de l'aile, si l'on peut s'exprimer ainsi, et, surtout au moment où il cherche à s'enlever du sol, le point d'appui n'étant pas le même des deux côtés, il culbute, ou, suivant son poids et la vigueur de son système nerveux, il ne peut même pas quitter la terre. C'est donc le support de ces grandes plumes d'une aile qu'il convient de

Opération de l'éjointage.

supprimer, et, pour cela, il n'y a qu'à inciser la moitié environ des phalanges du bout de l'aile.

L'aile étant allongée et maintenue par un aide, comme nous l'avons dit plus haut, on place le ciseau en travers des phalanges, à la hauteur de la

cinquième ou sixième grande plume environ, puis
après s'être assuré que le ciseau et l'aile sont bien
d'aplomb, sans porte-à-faux, on fait sauter le bout
de l'aile d'un coup de maillet nettement appliqué sur
le manche du ciseau. La section est instantanée. Pour
éviter l'effusion de sang, on peut cautériser avec un
fer rougi à blanc ou avec une goutte de perchlorure
de fer; mais il n'y aurait aucun inconvénient à laisser saigner la plaie. L'émission de sang ne serait pas
assez considérable pour altérer la santé de l'oiseau,
surtout s'il est de petite taille. C'est plutôt pour la
propreté et pour une sorte de satisfaction person-
nelle, afin de faire disparaître immédiatement toute
trace de l'opération, que la cautérisation est utile.

Nous sommes persuadé qu'avec ces indications,
n'importe qui pourra désormais faire l'opération de
l'éjointage.

Beaucoup d'oiseaux vont ainsi perdre leurs ailes,
mais nombre d'amateurs, qui auront suivi nos conseils, ne perdront plus leurs oiseaux. Notre conscience trouvera dans ce service rendu à nos confrères
en aviculture, une ample compensation aux cris de
vengeance que faisans et canards pourraient pousser
contre nous.

AOUT

—

Messidor, le mois de la moisson ; c'est celui où l'aviculteur commence à récolter le fruit des soins et des peines qu'il a semés, sans compter, depuis le printemps. S'il ne réalise pas encore beaucoup de bénéfices bien effectivement tangibles, il a du moins la satisfaction de voir ses élèves suffisamment développés pour que leur forme et leur valeur soient appréciables. C'est aussi le mois des économies : les champs sont libres et les glaneurs n'ont pas ramassé jusqu'au dernier grain ; il en reste de quoi nourrir amplement toute la population ailée du village et de la plaine. Aussi, plus de barrières : la liberté absolue pour tous et suppression presque complète de distributions de nourriture ; dès l'aube, les oies et les dindons s'en vont en troupeau, chacun de son côté, pour ne rentrer qu'à la nuit, avec des jabots démesurément gonflés, leur donnant, rien que par le poids rompant l'équilibre de la marche, l'allure lourde et chancelante que causerait l'alcool. Les poulets, moins disposés par nature à se laisser conduire en troupes, se dispersent par petits groupes à de grandes distances de la maison et se livrent à une chasse des plus actives aux insectes et aux vermisseaux de toute nature qui, plus encore que le grain, forment, avec les pousses tendres des herbes, le fond de leur nourriture, quand ils peuvent vivre à leur guise et retrouver les éléments de l'existence à l'état sauvage.

Toutefois ils ne dépassent pas un certain rayon et ne profitent pas, comme les oies, et les dindes des meilleurs chaumes situés parfois au point extrême de la ferme. L'emploi du poulailler roulant est alors tout indiqué pour obvier à cet inconvénient ; on peut l'établir presque sans frais, avec quelques planches et un peu de grillage formant une cabane que l'on monte sur une paire de roues de charrette hors de service. Chaque matin, le premier charretier qui part aux champs attelle son cheval sur le poulailler et l'emmène jusqu'au champ où il doit travailler ; il le ramène le soir, sans que cela ait causé aucune perte de temps, car, à l'heure où l'attelage rentre à la ferme, les poulets, qui se couchent comme les poules, ont depuis longtemps déjà regagné leur campement.

Une précaution est à prendre dans l'établissement du poulailler roulant, sans laquelle non seulement tous les avantages qu'il donne seraient de nul effet, mais encore l'état sanitaire de toutes les bêtes serait compromis, c'est de donner à la cabane une très grande aération, sans courant d'air, bien entendu. Avec une quinzaine de jours du régime des champs et de la liberté, les poulets prennent un développement considérable, tant en volume qu'en poids ; la cabane où ils étaient à l'aise au début devient vite exiguë. Grandissant et consommant beaucoup, ils dégagent plus de chaleur et ont besoin de plus d'air ; si la cabane est close, ou à peu près, la température s'y élève dans une proportion excessive, l'atmosphère est viciée, et la nuit, au lieu d'un repos, devient une fatigue. La transition brusque avec le parcours, le matin, dans la rosée, provoque les angines, les coryzas, la diphtérie ou tous accidents qui, en général et faute de soins immédiats, se terminent par la phtisie. Ce sont ces accidents qui ont souvent fait critiquer et même condamner les poulaillers roulants, mais c'était l'application qui était vicieuse, ou plutôt le mode d'exécution, mais non le principe, car celui-ci est excellent.

Pour qu'un poulailler roulant soit correctement construit, il importe qu'il soit couvert et clos seulement de trois côtés pour former une sorte de hangar ; le quatrième côté, celui qui fait face au perchoir, sur la plus grande longueur, est clos par un grillage. De cette façon les bêtes sont abritées du vent ou de la pluie, mais elles ont la même température et le même air que si elles couchaient dehors. Un autre mode de construction est encore acceptable, c'est de clore en planches les quatre côtés, à une hauteur de un mètre, en mettant les perchoirs sur un même plan à 30 ou 40 centimètres du plancher, et en fermant le reste de l'espace libre jusqu'au toit, et sur les quatre faces, avec du grillage : les deux systèmes sont à peu près équivalents.

*
* *

Voici le moment, avant que les dernières récol-

tes ne soient coupées, de mettre en liberté les
petits perdreaux provenant des œufs trouvés dans
les foins et que l'on a fait éclore, il y a déjà six ou
sept semaines, dans la couveuse. Ils n'ont pas encore
l'aile assez forte pour gagner d'un vol la chasse voisine, mais ils l'ont assez développée pour se défendre,
et, au cours du mois qui nous sépare de l'ouverture,
ils se développeront bien plus rapidement qu'en volière et seront à point pour septembre. La manière
dont s'effectue la mise en liberté n'est pas sans avoir
une certaine importance.

Quand le parquet d'élevage est voisin du terrain de
chasse, le plus simple est d'enlever une large partie
de clôture : les petits perdreaux prennent d'eux-mêmes
l'habitude de s'éloigner, tout en revenant à l'heure
des repas et en rentrant, le soir, s'abriter sous leur
éleveuse ; un beau jour, ou plutôt un beau soir,
s'étant rendu compte de la puissance de leurs ailes,
se sentant adultes et, sans doute, mûrs pour l'indépendance, ils ne reviennent pas. Ce sont, dès ce moment, de vrais perdreaux sauvages, dont la chasse
sera tout aussi attrayante que s'ils avaient passé leur
première jeunesse à la belle étoile. S'il s'agit de les
transporter au loin, le plus simple est d'emmener un
soir la nichée avec son éleveuse entourée de son petit
parc portatif et de déposer celle-ci au centre du terrain de chasse, autour d'une pièce de fourrage ou de
céréales non coupée ; le matin suivant, on porte
comme d'habitude boisson et nourriture, et, le lendemain, en apportant de nouveau la ration, on laisse
ouverte la porte du parc. — Les perdreaux qui ont eu
le temps, au cours de la journée précédente, de re-

connaître à travers le grillage le site environnant
s'écartent tout naturellement, et reviennent, jusqu'à
ce qu'ils reconnaissent que l'éleveuse leur est inutile ; mais ce premier emplacement qu'ils ont occupé
dans la plaine est comme leur point d'attache, et ils ne
s'en écartent pas plus que s'ils y étaient nés. — Pour
ceux qui ont été couvés et élevés par une poule, le
mode d'opérer est le même : la poule reste enfermée
dans la boîte à élevage, retenue par des barreaux

assez espacés pour laisser sortir les petits ; pendant
plusieurs jours les perdreaux viennent passer la nuit
sous ses ailes. Puis, comme avec l'éleveuse artificielle, dès qu'ils sentent qu'ils n'ont plus besoin de
chaleur ni de protection, ils s'affranchissent de la
tutelle maternelle, et la poule n'a plus qu'à rentrer
à la basse-cour.

La théorie du lâcher des faisandeaux est exactement la même, à cette différence près qu'au lieu de
les mettre au milieu de la plaine, on devra les placer
sur le bord d'un bois taillis où ils trouveront à se

percher, et qu'il faudra pendant plus longtemps leur apporter à manger aux abords de l'éleveuse. Ils seront aussi plus longtemps que les perdreaux à prendre leur essor et à se transformer en oiseaux sauvages. Les faisans ne se tirant généralement pas à l'ouverture, on peut attendre la deuxième quinzaine d'août pour les lâcher, car ils éclosent souvent plus tard que les perdreaux et ils ont besoin d'un peu plus de résistance pour se passer des soins réguliers du faisandier. Si les bois où l'on lâche les faisandeaux ne sont pas naturellement pourvus de petits cours d'eau de source ou de mares, il est de toute nécessité de disséminer un peu partout de petits bassins en zinc, en tôle ou en ciment, enterrés à fleur de terre et de les remplir chaque jour d'eau propre et fraîche. Cela présente parfois, dans la pratique, des difficultés assez sérieuses, mais c'est une des conditions *sine qua non* du maintien des faisans sur un terrain déterminé.

*
* *

Tout en s'occupant du gibier, il ne faut pas négliger les dindons, dont le troupeau représente un gros chiffre dans le rendement de la ferme. Nous avons dit plus haut, que, semblables aux moutons, ils couraient les champs tout le jour et pouvaient pourvoir amplement à leur subsistance ; mais ils rentrent le soir, ramenés par la petite gardeuse, ou tout seuls, spontanément, si personne ne s'est occupé d'eux. Et, si l'on n'y prend garde, ils vont s'entasser dans la petite cabane où ils ont été élevés, où, le mois dernier, ils

occupaient à peine un mètre carré, où, maintenant,
tout l'espace disponible est insuffisant. C'est de là
uniquement que surviennent toutes les maladies, à
forme épidémique, qui déciment si communément
les troupes de dindons. On les évite toutes, et à peu
de frais, en faisant coucher les dindonneaux sous un
hangar ou plus simplement dans les arbres. Si les
premières branches sont trop élevées on leur fait une

sorte d'échelle avec quelques gaules entrecroisées, et
il n'est pas besoin de leur montrer deux fois le chemin pour qu'ils aillent d'eux-mêmes se percher aux
plus hautes branches, où ni le vent ni la pluie ne sauraient les déranger. C'est une installation à la fois
saine et économique.

Les oies vont aussi par troupes nombreuses, à
l'allure grave et cadencée, pâturer du matin au soir ; —
souvent les différents groupes d'un même village se
confondent aux champs, en une énorme bande, mais

le soir venu, chaque famille regagne séparément sa
demeure, sans qu'il se produise jamais la moindre
confusion. — On se rend facilement compte à l'extension plus ou moins prononcée de leur jabot, si un
repas leur est nécessaire avant la nuit. — C'est en tous
cas le seul dont elles ont besoin à cette époque. — Les
oies ne demandent pas d'abri; elles couchent sur le
tas de fumier ou sur la prairie. Vers la fin du mois
on pourra les plumer pour la première récolte de
duvet.

On commence un peu partout à profiter des produits de l'élevage pour alimenter la cuisine. Les réu-
nions de campagne dans les villas, dans les châ-
teaux, aux villes d'eaux, sur les plages, provoquent
une consommation exceptionnelle de volailles. Que
doit-on offrir pour faire honneur à ses hôtes, et
faire apprécier ses talents d'éleveur, quand la basse-
cour est bien garnie et qu'il n'y a que l'embarras du
choix? une dinde, une poulette de Houdan? une jeune
pintade? ce doit être encore plus fin qu'un dindon ou
un poulet. — Erreur, erreur grave. — Dans n'importe
quelle variété si vous voulez un fin morceau choisissez un mâle, toujours un mâle; un poulet est toujours supérieur à une poulette. Il est bien entendu
que quand nous parlons du poulet à rôtir, nous en-
tendons le jeune mâle, ignorant encore son rôle de
coq et dans toute la candeur du jeune âge. Une fois
qu'il a commencé à remplir ses devoirs de reproducteur, il doit, en s'adonnant à Satan, à ses pompes et à
ses œuvres, renoncer aux douceurs de la broche.
Plus le coquelet montre de tendresse pour ses poulettes, moins sa chair en conserve; il perd sa saveur

6

et sa finesse en perdant son innocence ; dès qu'il est tout à fait coq il devient coriace. Dans les mêmes conditions la femelle perd également ses qualités culinaires ; la fréquentation de son seigneur et maître l'affadit, la maternité l'endurcit. Dans toutes les espèces d'animaux, la chair du mâle castré est toujours supérieure à celle de la femelle, à mérite égal d'embonpoint bien entendu.

Entre un vieux bœuf étique et une jeune vache grasse à point, l'hésitation n'est pas permise, mais entre cette jeune vache et un bon bœuf, il n'y a pas non plus à hésiter, la palme appartient au mâle. Il en est de même pour le mâle lapin domestique : s'il est castré, son râble, savamment rôti et préalablement piqué, devra bientôt reprendre avec avantage, la place que l'on réservait avec égard à celui de sa femelle. — Quand on n'a pas le choix dans sa basse-cour et qu'on doit avoir recours au marché, c'est en partant du même principe que se feront les achats. — Si la ménagère entre chez un marchand de volailles choisir une bête pour la broche, elle sera souvent séduite par la prestance de la poule ; celle-ci bien ficelée et bien troussée, présente un estomac plus garni de viande, a des rondeurs inconnues chez le mâle, en un mot, elle est d'aspect plus flatteur. Eh bien, malgré ces apparences, choisissez plutôt une poitrine un peu dégarnie, plus anguleuse. Regardez la tête et les pattes, auxquelles vous reconnaîtrez facilement si vous êtes en présence d'un coquelet, et surtout vérifiez l'éperon qui indique l'âge exactement. — Celui-ci doit à peine marquer, être mou sous la pression de l'ongle, et avant tout être arrondi ; s'il est pointu,

il appartient à un coq qui a tout perdu, son innocence et sa tendresse, la daube seule lui est réservée.

Maintenant, pour motiver votre conviction, faites
la comparaison, dégustez l'un et l'autre et, après
essai loyal, vous vous prononcerez vous-même en
toute connaissance de cause. Nul doute que vos préférences seront définitivement acquises au mâle.
Dans la basse-cour il est le plus beau, sur la table il
est le meilleur, sa supériorité est incontestable.

Il va falloir penser, dans le courant d'août, à mettre
couver les derniers œufs de poules de races naines.
Naissant aux premiers jours de septembre, les poussins auront encore un mois de beau temps pour se
développer et seront assez forts pour supporter les
premiers froids qui arrêteront leur croissance et leur
conserveront la qualité de nains, qui est un de leurs
principaux mérites. Les mêmes, nés en mars, seraient
devenus sensiblement plus forts.

On peut enfin donner la liberté aux pigeons : ceux
qui ont produit depuis le printemps et commencent
à se fatiguer, puiseront une vigueur nouvelle dans la
nourriture qu'ils trouveront aux champs ; les jeunes
se feront des ailes, et prépareront leur grande mue,
pour arriver frais et brillants aux concours d'automne.

SEPTEMBRE

Septembre ; le mois de la mue. Les poules prennent leur toilette d'hiver, elles abandonnent leurs plumes décolorées par le soleil, usées par six mois d'excessive activité, pour les remplacer par de nouvelles, éclatantes de fraîcheur et de coloris, semblant ainsi se rajeunir et se mettre au niveau des jeunes élèves de l'année. Chez les animaux vivant en liberté, c'est à peine si la mue se fait sentir : le remplacement des plumes s'opère si régulièrement, que les vides ne sont pas perceptibles et qu'ils n'éprouvent ni gêne ni souffrance. Il n'en est pas de même chez ceux tenus en captivité. Pour eux, la mue est toujours une crise plus ou moins intense, suivant les soins dont ils sont entourés, et devenant grave et sérieuse, dans les conditions de mauvaise hygiène et de mauvaise alimentation.

Dans les poulaillers bien tenus où, pendant tout le cours de l'été, on a prodigué la verdure, où les feuilles de choux ont été distribuées à profusion, où les bains de barèges ont été régulièrement donnés depuis le mois de mai, où toutes les précautions prescrites en juillet contre l'envahissement des acares et parasites de toutes sortes, ont été ponctuellement exécutées, où enfin les bêtes soignées comme elles doivent l'être et comme elles devraient l'être partout, sont en bonne santé, la mue passe à peu près inaperçue.

Mais là où les poux ont envahi à la fois le poulailler et ses habitants, où, par économie, les poules sont nourries de pâtées de pommes de terre ou de son, où les parquets sont humides et sales, où le parcours est insuffisant, la mue est plus qu'une crise, elle est une cause de mortalité générale. S'il n'y a pas mort immédiate, il y a toujours anémie, exposant la bête à tous les accidents, principalement à la diphtérie, et la rendant pendant de longs mois improductive.

Le traitement, dans ce cas, est facile à déterminer : faire, bien que tardivement, tout ce que l'on aurait dû faire au cours des mois précédents, de l'hygiène et de l'alimentation rationnelle, détruire les poux, donner des bains de barèges, maintenir les parquets très secs et mettre constamment, à la disposition des poules, des choux suspendus par une ficelle, à hauteur du bec, pour qu'ils restent propres et toujours appétissants. Ajouter à la nourriture un peu de phosphate, sous forme de poudre d'os, et joindre à l'eau de boisson un peu de sulfate de fer.

Mais, tout en appliquant ce traitement et en prenant ces diverses précautions, bien se dire et bien se persuader que des soins préventifs évitent toutes les maladies, et qu'il est bien plus simple de faire le nécessaire en temps utile, que d'avoir recours aux médicaments, fussent-ils d'un effet magique, fussent-ils

6.

même garantis comme infaillibles, et certifiés tels
par des milliers de signatures, voire même par celle
du vendeur, à la quatrième page d'un journal.

*
* *

La mue des pigeons est beaucoup à surveiller dans
les colombiers clos. Elle est, plus encore que pour
les poules, l'origine d'une quantité de maladies et
d'accidents. Quand elle se fait dans de mauvaises
conditions, elle compromet toute la production d'automne, qui est parfois l'une des plus intéressantes,
au point de vue de l'avenir.

Ce sont encore, comme dans les poulaillers, les
précautions préventives qui sont les meilleures ; mais,
étant donné que celles-ci ont été régulièrement prises,
il convient encore, au moment de la crise, de veiller
aux suivantes : donner des pains de sel, sous forme
de blocs d'argile triturée avec du sel, et séchés au
soleil ou au four ; ou bien encore accrocher à divers
endroits des queues de morues ; les pigeons seront
constamment occupés à les picoter ; donner comme
nourriture, de la vesce, des pois jarras et un peu de
chènevis.

Enfin, le pigeon ayant tellement besoin de bains,
qu'il se baigne lui-même comme un véritable canard,
quand il a de l'eau claire à sa portée, tenir constamment à sa disposition, un bassin de 40 centimètres de diamètre environ, sur 6 centimètres de
profondeur, rempli d'eau bien propre. Chaque pigeon, aussitôt le bassin installé dans le colombier,
viendra successivement non seulement se baigner,

mais se laver, faisant jaillir l'eau tout autour de lui, se couchant sur le côté, l'aile écartée, les plumes soulevées pour que l'eau pénètre jusqu'à la peau, et faisant en sorte que toutes les parties du corps soient bien mouillées. Il s'agite dans l'eau avec une sorte de frénésie, tel un canard avant l'orage, indiquant le bien-être qu'il éprouve et la satisfaction de céder à cet impérieux besoin d'ablution. Ce n'est qu'à regret qu'il quitte sa baignoire, chassé souvent par un confrère impatient de prendre sa place. Mais il laisse une eau toute blanche, comme s'il s'était servi de savon pour sa toilette, et, pour le survenant, pour les survenants surtout, le bain a moins de charmes, il est aussi moins bienfaisant que le premier plongeon dans l'eau claire. Aussi faut-il renouveler l'eau plusieurs fois par jour et organiser si possible une baignade à l'eau courante. Si petites que soient ses dimensions, si mince que soit le filet d'eau qui l'alimente, ce sera le bonheur et la santé installés dans le colombier.

Chez les canards, la mue a parfois de singuliers effets, surtout quand ils ne vivent pas au bord d'un ruisseau ou d'un étang. Si les plumes mortes ne sont pas tombées assez tôt, celles-ci n'étant plus recouvertes de l'huile essentielle qui les rend imperméables, le canard ne tient plus sur l'eau, et, quand on l'oblige à s'y mettre, il en sort avec l'aspect d'une poule mouillée. Cela se produit surtout sur les canards un peu âgés, principalement sur des mâles, qui, au cours de l'été, ont été battus par d'autres, et, par conséquent, ne sont pas en bonne santé. Le remède consiste en quelques bains de barèges et mise

en liberté dans la prairie, avec accès très facile, par
une pente très douce, au bassin ou à la mare. Aussitôt la mue terminée, le canard retourne à l'eau
comme les autres. — Avec les canards de Rouen il faut
se méfier, au moment de la mue, de confondre les
vieux mâles avec les jeunes, et de livrer les uns pour
les autres, ou, ce qui serait plus grave, de faire rôtir
un vieux pour un jeune. On s'apercevrait vite, au
premier coup de fourchette, de la méprise, mais trop
tard toutefois pour y remédier. — Il est un moment
où, les vieilles plumes étant tombées, les nouvelles,

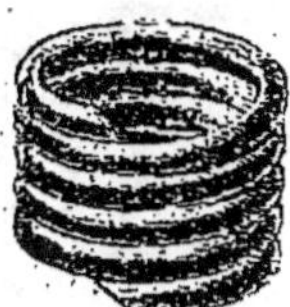

non encore complètement poussées, ont tout à fait
l'aspect de plumes d'un caneton qui prend sa couleur ; la tête n'est pas encore verte, le plastron n'est
pas brun, la teinte générale n'est celle ni du mâle, ni
de la femelle, et l'œil le plus expert si le volume est
équivalent, ce qui est fréquent, peut, pendant quinze
jours ou trois semaines que dure ce changement de
nuance, hésiter entre le père et le fils. Le moyen le
plus simple d'éviter toute erreur est de passer une
bague de celluloïd à la patte des canards, dès que les
canetons commencent à grossir.

Il sera bon de prendre la même précaution avec
les oies, car à fin septembre, les jeunes ont atteint
la taille des vieilles, et, entre oies toutes blanches

ou toutes grises, jeunes ou adultes, la différence
est si peu sensible, qu'il est préférable d'avoir recours aux signes distinctifs.

La bague en celluloïd se trouve aujourd'hui par-

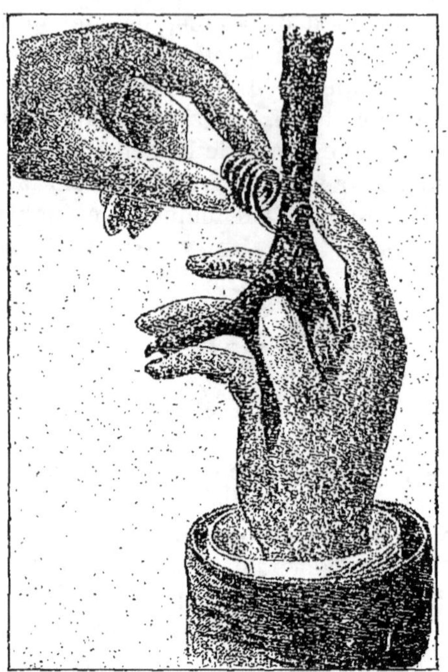

tout dans le commerce. Elle se fait de trois couleurs : bleu, rouge, noir, qui sautent aux yeux de loin,
et permettent de classer sans efforts tous les hôtes
de la basse-cour.

Elle se fixe à la patte, comme on passe une clef
dans un anneau brisé, et ne peut jamais se détacher.

Pour les pigeons, on se sert plus souvent de la bague en métal avec millésime, dans laquelle on fait passer la patte quand le pigeonneau a de quinze à dix-huit jours, et qu'il n'est plus possible de retirer plus tard.

Le pigeon porte ainsi, pendant toute sa vie, un acte de naissance authentique, très utile pour les amateurs, car c'est un des oiseaux dont il est le plus difficile de déterminer l'âge à simple inspection.

Il est cependant une théorie qui permet presque à coup sûr de vérifier l'âge d'un pigeon. — Cette théorie est fort peu connue, même des colombophiles les plus experts, et, sans lui donner une certitude anatomique incontestable, analogue à la connaissance de l'âge chez le cheval, par exemple, par l'examen des dents, nous avons la conviction qu'elle est loin d'être fantaisiste, et nous avons eu maintes fois l'occasion de la mettre en pratique et d'en vérifier la valeur.

Nous allons essayer de l'exposer le plus clairement possible.

Ce système de détermination de l'âge des pigeons est basé sur l'examen de l'aile et sur le principe de la mue. Chacun croit ordinairement que tous les oiseaux perdent leurs plumes chaque année, pour être, celles-ci, remplacées par des nouvelles; cela ne serait vrai que dans une certaine mesure. Chez le pigeon, toutes les plumes de l'aile

ne tomberaient pas à la mue. Une, à chaque ailé,
subsisterait après la première année, une seconde
après la deuxième, puis une troisième et ainsi de
suite. Un pigeon de sept ans aurait conservé, en
faisant sa mue, sept plumes à chaque aile, ou, du
moins, ces plumes, en repoussant, affecteraient une
forme différente.

L'aile du pigeon est composée de vingt plumes

Figure 1. — Aile normale de pigeon n'ayant pas mué.

dont cinq grands couteaux, trois petits et deux
plumes arrondies, formant ensemble les dix premières qui tombent et sont remplacées par d'autres semblables, régulièrement chaque année. — Viennent ensuite dix plumes se ressemblant à peu près
toutes, dont la nervure est légèrement inclinée en
sens opposé à celui de la nervure des dix premières. Elles sont presque arrondies et terminées par
un petit crochet à peine perceptible et plus accentué aux plumes les plus proches du corps (figure 1).

De cette dernière série de dix plumes, la première, figure 2, c'est-à-dire la onzième de l'aile, en commençant par les grands couteaux, est remplacée, après la première mue, par une plume qui ne devrait

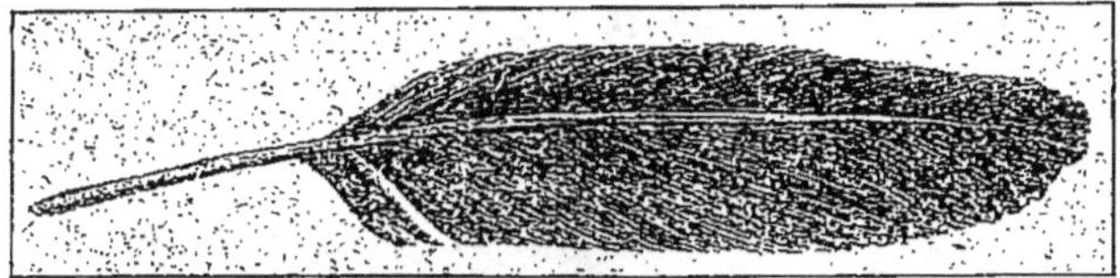

Figure 2. — 11ᵉ plume de l'aile.

plus tomber désormais et qui reste un peu plus courte et un peu plus arrondie que les suivantes; puis sa nervure est placée plus au milieu et elle est terminée par une petite pointe droite à peine saillante, figure 3.

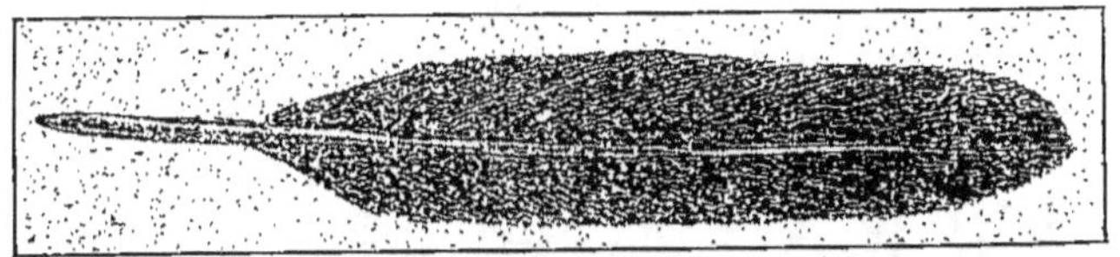

Figure 3. — Plume de remplacement ne devant plus tomber.

A la deuxième mue, soit à deux ans, la plume suivante, deuxième de la seconde partie de l'aile, ou douzième de l'aile, est remplacée par une semblable et ainsi de suite, de sorte qu'un pigeon de trois ans, par exemple, présente, au milieu de l'aile, trois plumes un peu plus courtes et un

péu plus rondes que les autres. A quatre ans, il
en aura quatre, cinq à cinq ans et ainsi de même
jusqu'à dix ans, âge extrême du pigeon. La différence a été peut-être un peu accentuée, dans le
dessin, pour mieux ressortir, mais elle est facilement sensible sur l'aile de n'importe quel pi-

Figure 4. — Aile de pigeon de trois ans avec trois plumes
de remplacement .

geon. Pour faire l'examen de l'aile, il y a lieu de
se rendre compte s'il ne manque aucune plume,
tombée ou arrachée par accident, pour ne pas
s'exposer à compter la onzième quand ce ne serait
effectivement que la neuvième ou la dixième. Du
reste, il n'y a pas besoin de compter effectivement
les plumes. En tenant le pigeon dans la main,
la tête vers soi, et en dépliant l'aile, comme dans
la figure 1, celle-ci se divise d'elle-même en deux

7

parties nettement tranchées par le sens des ner-
vures des plumes.

Nous engageons nos lecteurs à expérimenter
cette méthode avec des pigeons dont ils connais-
sent l'âge avec certitude, et ils se rendront compte
qu'elle n'est jamais en défaut et que l'on peut
compter, en toute sûreté, sur ses indications.

*
* *

C'est encore, en septembre, le moment de mettre en
pratique la maxime : « savoir détruire». Proposée à
des producteurs, cette maxime semble en contra-
diction évidente avec tous les conseils donnés jusqu'ici ; elle est cependant la conséquence logique et
nécessaire des travaux avicoles.

Quel est, en effet, le plus grand obstacle au développement des beaux élèves de l'année, au parfait
entretien des bons reproducteurs, si ce n'est l'encom-
brement causé par la présence de sujets de
deuxième et de troisième choix, sans aucune valeur,
que l'on s'obstine à conserver, sous prétexte qu'é-
tant de race pure et issus de parents primés, on
ne peut les sacrifier comme des animaux vulgaires.

Que faut-il aux jeunes couvées pour se développer, pour grandir et atteindre facilement leur maximum de croissance? De l'espace, de l'air, de la
liberté et une nourriture abondante et substantielle ;
si tous ces éléments, généralement insuffisants, sont
partagés entre cent têtes, ils peuvent à la rigueur
conserver la vie, ils ne donnent pas la santé, la

force, la vigueur, nécessaires pour maintenir une race avec toutes ses qualités primitives ; à plus forte raison ne saurait-on songer, dans ces conditions, à l'amélioration des formes et du type. Et c'est en raison de cette tendance à tout conserver, pour en tirer parti, suppose-t-on, que les journaux spéciaux sont encombrés d'offres plus attrayantes les unes que les autres, de poulets de race pure depuis quatre francs, prix qu'ils vaudraient couramment pour mettre à la broche ; c'est ainsi que dégénèrent les meilleures races et que s'entretiennent les médiocrités. — Et qu'y gagne-t-on ?

Au lieu de manger un poulet de quatre mois, quand il est tendre, quand il a encore peu coûté, on le nourrit jusqu'à sept et huit mois, parfois même jusqu'à un an, on supporte les inconvénients des batailles entre jeunes coqs, des mâles en excès qui fatiguent les poulettes et arrêtent leur croissance, arrachent leurs plumes et les déprécient ; de l'agglomération dans les poulaillers, qui, par suite du dégagement de chaleur excessif, eu égard à l'exiguïté du local, entraîne toutes les maladies, ravageant les basses-cours à l'entrée de l'hiver ; on perd son temps en correspondances et on prodigue les timbres-poste ; tout cela pour arriver à vendre quelques poulets moins cher assurément qu'ils n'ont coûté ; sans compter que, si l'on descendait au fond de sa conscience, on aurait peut-être quelques reproches à se faire, d'avoir lancé dans la circulation des animaux qui feront souche de reproducteurs et qu'on savait pertinemment n'être pas dignes d'un tel emploi.

En se donnant tant soit peu la peine de réfléchir,

et surtout de calculer, on se rendra facilement compte qu'il eût été bien plus avantageux de consacrer tous ses soins, tout son terrain, tout son temps, à quelques sujets d'élite, ayant une réelle valeur et capables d'en acquérir une plus grande encore dans un milieu bien approprié, que de s'encombrer soi-même, pour encombrer les autres ensuite, de nullités, on pourrait dire de mange-profits. — Ces éleveurs, qui ne savent pas détruire en temps utile un sujet inférieur, nous font toujours l'effet d'un amateur qui, possédant trois toiles de grands maîtres dans son salon, consentirait à remplir les vides avec des chromos rapportés de la fête foraine par ses enfants.

Savoir détruire ce qui est mauvais, pour faire valoir ce qui est beau, sacrifier tout l'arrière-plan pour faire ressortir le premier personnage, est un des grands principes d'art; ce devrait être aussi le premier des éleveurs dignes de ce nom. — Quels progrès ne ferait pas l'élevage des oiseaux de basse-cour en France, avec les splendides éléments que nous possédons, si ces milliers de sujets de rebut, qui font toute l'année l'objet de transactions quotidiennes entre amateurs, prenaient, dès l'âge adulte, le seul chemin qui leur convienne, celui de la cuisine!

Mais, malheureusement, ce sont ceux-là qui encombrent le marché, qui, malgré leur prix dérisoire, coûtent encore assez cher, avec les frais de port et d'emballage, à ceux qui les ont achetés, pour avoir droit à quelques égards, et ce sont eux qui trônent dans les volières élégantes et inondent le pays de leurs produits, cent fois plus que les grands lauréats des expositions internationales.

Voilà pourquoi les beaux sujets sont toujours si
rares. Si chacun incrivait sur son poulailler cette
maxime : « Savoir détruire », que d'économies, que
de peines évitées, que de temps gagné!

Ce serait, il est vrai, le couteau de Damoclès suspendu devant le cou des vilaines bêtes — tans pis
pour elles; — après tout elles sont peu intéressantes,
et combien les belles, moins nombreuses, plus
choyées et prospérant à l'envi, nous prodigueraient
des compensations par les grand prix que trouverait
leur mérite poussé au plus haut degré! — Éleveurs,
sachez détruire, c'est la première qualité de celui qui
veut beaucoup produire.

* *
*

On voit encore en septembre des couvées ultra-
tardives qui peuvent, si le temps des mois suivants
n'est pas trop défavorable, donner des résultats sa-
faisants. Les pintades notamment peuvent encore
couver, et, à ce propos, nous rappellerons un fait
assez curieux que nous avons constaté nous-même,
et qui peut servir de base pour des essais analogues.

Nous possédions une bande d'une trentaine de
pintades grises, blanches et lilas vivant en liberté à
la ferme, ou, à plus proprement parler, autour de
la ferme, car on les rencontrait plus souvent à trois
ou quatre cents mètres dans les champs que dans la
cour, et n'ayant, comme toutes leurs congénères,
qu'une idée fixe, celle de cacher leurs œufs, pour les
couver à l'écart, suppose-t-on, et pour perpétuer
leur racé au chant harmonieux, ou plutôt, c'est notre

avis, pour faire enrager leur maître qu'elles ne jugent pas suffisamment énervé par leur perpétuel cri, grincement diurne et nocturne de poulie mal graissée.

Une de ces pintades, une grise, eut l'idée dans le courant d'août, pour mieux dépister les recherches, sans doute, d'installer son nid à cinquante mètres environ des bâtiments, en terre nue, sans aucun abri, tout près d'une haie, sur le bord d'un chemin, où chevaux et voitures, chasseurs, chiens, rôdeurs et gamins passent continuellement. Sans être remarquée par qui que ce soit, elle réunit là vingt-trois œufs et se mit à les couver vers le 20 septembre, au moment où commençait la série des pluies. Ce ne fut que vers les premiers jours d'octobre qu'on la découvrit un jour où il pleuvait un peu plus fort que d'habitude et où elle était si bien plaquée sur son nid, qu'on l'eût confondue avec la terre, si sa tête originale avec ses yeux brillants, faisant l'effet d'un chapeau de polichinelle sur une allumette, n'avait attiré l'attention.

Le premier mouvement fut de prendre les œufs pour les faire éclore dans une couveuse, afin de les sauver d'un naufrage à peu près certain, puis la réflexion vint qu'il serait intéressant de voir ce qu'il adviendrait d'une couvée faite dans ces conditions, et on laissa les choses en l'état, en supposant bien qu'un beau matin on ne retrouverait plus ni la pintade ni son nid.

Cependant, le 15 octobre, le lendemain d'une nuit où la pluie avait formé ravine dans le chemin voisin, on trouva, à la place du nid, quelques coquilles cassées et un œuf entier, puis, à quelques pas plus loin, on aperçut dans l'herbe, au bord de la haie, la pintade et quelques petits courant derrière elle. On les compta, ils étaient vingt-deux, tous plus vifs et plus alertes les uns que les autres. On se garda bien d'y toucher. Mais quelle ne fut pas notre surprise, le lendemain matin, en trouvant, dans un pré, derrière la ferme, toute la bande de pintades et la nouvelle famille réunies.

Un des mâles, le blanc, avait sous les ailes une dizaine de petits, plusieurs autres femelles en avaient chacune trois ou quatre et la mère mangeait tranquillement, sans se préoccuper de sa nichée. Pendant toute la journée, toutes les pintades s'occupèrent ainsi des petits, leur offrant des vermisseaux, les couvant et les conduisant alternativement.

Nous étions un peu intrigué de ce qui allait se passer le soir; aussi restâmes-nous en observation jusqu'à la tombée de la nuit.

A l'heure habituelle, toutes les pintades, le mâle blanc en tête, gagnèrent leur perchoir ordinaire, sous un hangar, sans paraître autrement inquiètes de la petite famille qu'elles abandonnaient. La mère ramena ses vingt-deux petits près de la haie et les abrita de son mieux sous ses ailes.

Le lendemain, dès l'aube, ce fut le mâle blanc qui le premier quitta son perchoir et courut de toute la vitesse de ses pattes, aidées de ses ailes, rejoindre les pintadeaux et se mit à les couver immédiatement pendant que la mère allait manger; un instant après les autres femelles vinrent reprendre leurs fonctions de nourrices sèches, pour toute la journée.

Depuis lors, le même manège recommença chaque jour ; la mère faisant le service de nuit et le père, aidé des mères adoptives, prenant le service de jour. Entourés de tous ces soins, les pintadeaux poussèrent à vue d'œil, et bien qu'il gelât le matin, depuis plusieurs jours, ils devinrent aussi vigoureux que s'ils étaient nés au mois de juin et assez forts pour résister à l'hiver.

L'enseignement à tirer de ceci, c'est qu'il n'y a pas à redouter de faire couver tardivement les œufs de pintades quand celles-ci veulent bien couver elles-mêmes, et qu'il faut bien se garder d'isoler les petits avec leur mère, comme on a toujours tendance à le faire. Les pintades ont l'esprit de famille que n'ont pas les poules, qui, loin de protéger et d'abriter des poussins qui ne seraient pas à elles, s'acharnent à tuer, jusqu'au dernier, tous ceux qu'elles rencontrent. On pourrait même mettre à profit cet instinct spécial en ajoutant à la couvée d'une pintade une cinquantaine de pintadeaux nés en même temps dans une couveuse et en faisant élever le tout par la famille réunie, qui se chargera toujours de ce soin avec empressement et sans réclamer de supplément d'allocation.

Pour terminer notre histoire de couvée tardive de pintades, et pour lui donner, pour ainsi dire, une sanction, nous ajouterons que nous avons tenu, le 1er février suivant, à mettre en pratique le précepte du calendrier des aviculteurs :

Puisque la chasse est close, aux gourmets complaisants
Porte sur le marché pintades pour faisans,

et à manger notre première pintade. — Au point de
vue de la production, le résultat était le même que si
nous l'avions portée sur le marché, mais il était bien
supérieur au point de vue gastronomique.

Celle que nous avions dégustée et qui, sans com-
plaisance de gourmet, valait presque un faisan de bois,
et assurément valait mieux qu'un faisan de volière,
faisait partie de la bande née le 15 octobre. Si nous
n'avions pas suivi nous-même ces pintadeaux depuis
le moment de leur éclosion jusqu'à cette date, nous
nous serions refusé à croire qu'il n'y avait pas eu
substitution.

Au mois d'avril, cela aurait paru tout naturel ; en
trois mois et demi, n'importe quel gallinacé a le
temps de se développer, mais, par les trois plus mauvais mois d'hiver pendant lesquels les poussins sont
bien plus disposés à périr qu'à prospérer, le fait était
vraiment anormal.

Il est vrai que les soins tout particuliers que toute
la famille des pintades avait prodigués à la nichée
nouvellement éclose, au mois d'octobre, ne s'étaient
jamais ralentis et que, la veille encore, les vieux mâles défendaient les pintadeaux presque aussi gros
qu'eux, comme ils le faisaient au moment de leur éclosion.

Cependant, il ne faut pas trop s'extasier sur les effets de la sollicitude paternelle et maternelle, il faut
plutôt constater qu'on peut, avec quelques soins, élever des pintades à l'arrière-saison et en tirer un excellent profit.

Pour bien nous rendre compte si l'élevage naturel
avait une supériorité réelle sur l'élevage artificiel,

7.

nous avions, le jour même où nos pintadeaux éclo-
saient en liberté, pris une trentaine d'autres petits
qui venaient d'éclore dans une couveuse artificielle
et nous les avions confiés à une *mère à lampe*, placée
dans un jardin assez isolé de la ferme. Nous considé-
rions ces trente pintadeaux comme à peu près sacri-
fiés et toutes nos préférences étaient pour ceux qui
vivaient en liberté avec leurs père et mère. Nous comp-
tions si peu sur un résultat que nous ne prenions
même pas la peine de visiter l'éleveuse. — Le jardinier
chargeait chaque matin sa lampe de pétrole, donnait
un peu de pâtée et vaquait à ses occupations.

Au bout de quelques jours, la petite bande de pintadeaux se mit à le suivre, ramassant avec vivacité
tous les petits vers qu'il trouvait sous sa bêche, puis
le quittant brusquement pour courir se réchauffer
sous l'éleveuse, dès que la bise se faisait sentir.

Bientôt ce ne fut qu'un va-et-vient constant de l'é-
leveuse au jardinier et du jardinier à l'éleveuse, la
distance entre les deux fût-elle d'une centaine de
mètres.

Le 1er décembre, les petits avaient six semaines
et, la température étant assez clémente, le jardinier
éteignit la lampe. Il y eut bien quelques récrimi-
nations le soir, mais toute la petite bande, déjà suffisamment emplumée, prit le parti de se serrer un
peu plus que d'habitude et la santé générale ne s'en
ressentit pas. Les vermisseaux et la verdure ne faisant jamais défaut, les pintadeaux se sont développés tout aussi bien que leurs frères confiés aux soins
naturels. — Les vingt-deux éclos sous la pintade,
n'étaient plus que quinze au 1er février, les trente,

élevés sous la mère à lampe restaient encore à vingt-cinq.

Les uns et les autres équivalaient, comme volume, à une poule faisane, et s'ils avaient été portés au marché, ils se seraient vendus facilement 3 fr. 50. — En aussi peu de temps et avec aussi peu de peine, c'est un résultat qui n'est pas à dédaigner.

La pintade légèrement truffée, rôtie à point et arrosée d'un bourgogne suffisamment vieux, fait apprécier encore davantage sa valeur et ses services.

OCTOBRE

Voici le mois d'octobre. Tous les poulets des
dernières couvées nés vers la fin de juin ou au
commencement de juillet, qui ont grandi en glanant
dans les chaumes autour de la ferme, sont bons à
vendre ou à mettre à l'engraissement. En les vendant maigres, comme poulets de grain — le terme
est, dans ce cas, absolument juste — il reste à l'é-
leveur un assez beau bénéfice, puisqu'il n'a dû
fournir aucune nourriture. Ce bénéfice serait cependant bien supérieur si les poulets étaient vendus gras.
Les poulets seraient aussi meilleurs; la qualité tant
vantée du poulet de grain, vantée surtout par l'amateur théoricien, est purement conventionnelle. Rien
ne vaut le poulet de bonne race, jeune et engraissé
à point, dans de bonnes conditions. L'un d'ailleurs
se vend, à cette saison, 2 fr. 50, l'autre, 4 fr. 50 ou
5 francs. Cette différence indique suffisamment le
cas que font de l'un et de l'autre les vrais connais-
seurs. Ces prix déterminent aussi l'avantage et le bénéfice que l'éleveur peut retirer de la pratique de
l'engraissement. Un franc net, au minimum, par tête,
ce n'est pas à dédaigner. Si le poulet de grain laisse

un bénéfice moyen de 0 fr. 50, le poulet gras laisse donc 1 fr. 50. La fermière, sans opérer sur des quantités considérables, peut aisément trouver là les ressources nécessaires à sa toilette, même si elle y met une certaine coquetterie. Et cette opération de l'engraissement, dont les femmes de basse-cour qui ne l'ont jamais pratiquée se font parfois tout un monde, est loin d'être aussi compliquée qu'on serait tenté de le supposer.

Il suffit de vouloir pour réussir; d'y mettre un peu de soin, un peu de tact et beaucoup de bonne volonté. Il ne faut pas seulement bourrer de pâtée un poulet pour le faire engraisser, il faut vouloir qu'il engraisse.

Il y a différentes méthodes d'engraissement. Toutes sont également bonnes : la gaveuse mécanique d'abord; l'entonnoir avec pâtée liquide; le pâton ou boulette de pâte épaisse poussée avec le doigt. Cette dernière méthode, pratiquée surtout dans la Sarthe et en Bresse, est la meilleure comme résultat final, mais elle est la plus lente, la plus dispendieuse et la plus délicate à appliquer, car elle cause souvent des accidents.

La plus répandue, la plus généralement adoptée, la plus simple et qu'il convient, en somme, de recommander, est celle qui consiste à employer la pâtée liquide, au moyen de l'entonnoir ou de la gaveuse.

L'entonnoir n'est qu'une gaveuse primitive, à main; il est à la gaveuse ce que la faux est à la moissonneuse; son emploi, de style ancien, demande plus de temps, plus d'expérience, plus de tour de main, mais le résultat, en fin de compte, est exactement le même. Et, d'ailleurs, que la pâtée soit ingurgitée au

moyen d'un entonnoir ou d'une pompe perfection-
née, les principes généraux de l'engraissement ne
diffèrent en aucune façon, et ce sont ces principes que
nous allons exposer de la façon la plus succincte et la
plus claire possible.

En première ligne : l'hygiène; l'engraissement
n'étant en somme que la bonne santé poussée à l'excès, et l'hygiène étant le plus important facteur de la
santé, c'est le point principal à observer. Nous en-
tendons ainsi : propreté, aération, température,
calme et suppression de tout ce qui peut être une
cause de gêne ou de souffrance. En second lieu : l'alimentation, la préparation de la nourriture et le mode
de distribution.

Avant de soumettre des poulets à l'engraissement,
il faut être bien persuadé de ce principe fondamental,
que l'on n'engraisse pas un poulet maigre, quand,
au contraire, un sujet bien en chair, vigoureux, en
parfaite santé, déjà bon en un mot à faire bonne figure
à la broche, profitera au maximum de la nourriture
exceptionnellement substantielle et abondante qu'on
lui donnera. Il gagnera chaque jour un poids correspondant à cette nourriture, et arrivera vite, dans un
délai réglementaire de dix-huit à vingt et un jours,
à ce point où, l'excès devenant un défaut, l'excès de
santé et l'excès d'embonpoint dégénéreraient en
maladie, si on ne le sacrifiait en temps opportun. Un
poulet bien venant, élevé dans de bonnes conditions.
peut être soumis au régime forcé, à l'âge de trois
mois, quelquefois même huit ou quinze jours plus
tôt. A trois mois et demi, l'âge est encore très favo-
rable. Dépasser quatre mois est mauvais. Plus tard,

le cochet a commencé à prendre des allures de coq, ou la poulette se dispose à pondre ; la séquestration leur est plus pénible ; ils ont plus de force et plus d'énergie pour se défendre contre l'ingurgitation forcée, et, pour toutes ces raisons, ils assimilent moins bien la nourriture. Leur chair commence aussi à être plus ferme et moins délicate. Prendre, dans une cour, tous les sujets de même âge pour les envoyer à la gaveuse, serait un tort. Seuls, tous ceux qui seront bien développés, auront la crête bien rouge et présenteront toutes les apparences de la santé entreront en ligne.

Ceux qui auront la crête pâle, qui, à premier examen, paraîtront un peu anémiques, dont, à la main, le poids semblera insuffisant pour la taille, ou au-dessous de la moyenne ordinaire, resteront en liberté pour reprendre vigueur en courant les champs et en couchant sous un hangar, hors du poulailler. Comme ils sont bien probablement couverts de poux, et que c'est, du reste, une des causes ou tout au moins une conséquence de leur état misérable, il conviendra de les en débarasser par un bain de barèges. Si les bien portants en ont gagné à leur contact, ce qui est à peu près inévitable, un bain sera pour eux la méilleure préparation au régime de l'engraissement.

La gaveuse sera placée dans un local à température aussi égale que possible, à lumière douce, pas obscure, bien aéré, mais sans courant d'air, où les volailles libres de la cour n'aient pas accès, et d'où leurs cris et leurs chants ne soient pas trop vivement entendus. Si l'on opère à l'entonnoir, méthode avec laquelle les volailles ne sont pas maintenues chacune isolément dans sa case, mais réunies dans un espace restreint, on choisit un cellier ou un cabanon dans les conditions ci-dessus, et on le divise en deux parties, garnies chacune de paille très propre et on tient les poulets enfermés dans l'une des deux. Au moment du gavage, chaque poulet passe successivement du compartiment plein dans l'autre, sur la paille fraîche.

Le repas terminé, le premier compartiment se trouvant vide, on change complètement la paille pour, au prochain repas, y faire repasser les poulets et ainsi de suite. La pâtée étant liquide, il est inutile de donner à boire.

Pour la gaveuse ou pour l'entonnoir, la pâtée est la même : trois quarts de farine d'orge blutée, c'est-à-dire débarrassée du son, et un quart de farine de maïs, délayée avec du petit-lait, lait écrémé à la main ou sortant des écrémeuses centrifuges, en pâte de l'épaisseur de la pâte à beignets, c'est-à-dire susceptible de couler dans l'entonnoir sans arrêt et assez vivement. Le petit-lait est bien préférable au lait pur : il s'assimile mieux et coûte beaucoup moins cher. A défaut de maïs, on peut employer la farine d'orge seule, mais, de toute façon, il est essentiel qu'elle provienne d'orge de première qualité, n'ayant aucun mauvais goût et qu'il n'y soit mélangé aucune recoupe, ni aucune farine de petit blé ou d'autre graine quelconque.

Pour l'opération du gavage que chacun peut pratiquer sous une forme un peu différente, une seule précaution est à recommander, c'est de bien enfoncer, de toute sa longueur, la lance de la gaveuse ou la

douille de l'entonnoir, de façon que la pâtée soit
déposée dans le fond même du jabot et ne vienne pas
obstruer l'œsophage, ce qui provoquerait l'étouffe-
ment du patient. Le poulet est, il est vrai, privé ainsi

Manière de tenir ouvert le bec du poulet
pour bien introduire la lance.

du plaisir de la dégustation, mais la suffocation possible serait pour lui bien plus pénible.

Aux premiers repas la ration est de 10 à 12 centi-
litres. Elle augmente progressivement jusqu'à 20 et
25. Avec l'entonnoir, elle commence par une cuiller
à pot non pleine, pour finir par deux bien remplies.
Deux repas par jour suffisent, dont le premier, donné

autant que possible le matin de très bonne heure,
pour que les intervalles soient égaux.

Les canards, dont la digestion est extrêmement ra-

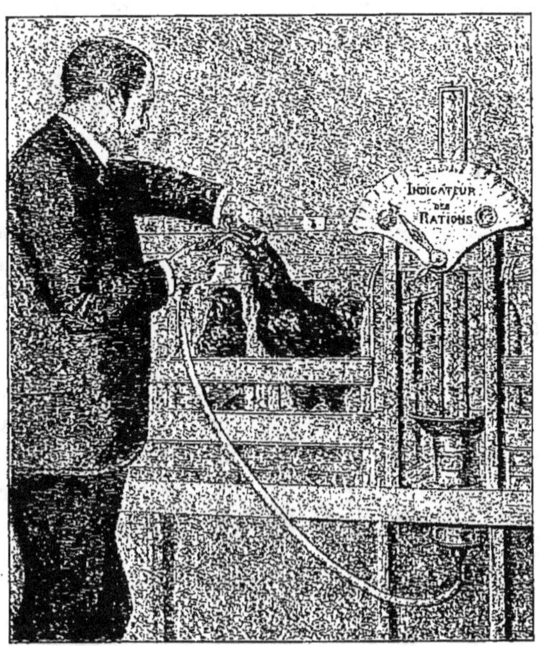

Distribution de la ration à la gaveuse mécanique.

pide, en exigent trois. Les femmes de campagne qui
ont le courage de se lever l'été avec le jour et de se
coucher de même, donnent jusqu'à quatre repas et
font, en quinze jours, des canards de toute beauté,
dont le prix les rémunère amplement de leur peine.

Les canards ont aussi besoin d'eau fraîche constamment à leur disposition. Ils ne sauraient digérer sans boire.

Une des précautions les plus importantes du gavage est de se rendre compte, d'un coup d'œil et d'un tour de main, si le poulet continue à présenter tous les signes extérieurs de la bonne santé, si son poids augmente dans la proportion normale et si, au moment du repas, il a le jabot complètement vide. En cas de digestion incomplète, sauter le repas, sans rien donner, et si le même accident se reproduit une ou deux fois, sacrifier le sujet tout de suite, sans hésitation. A ce moment il a tout au moins la même valeur qu'il avait le jour où il a été renfermé, mais, plus tard, au lieu d'engraisser, il aurait maigri et finirait même par périr.

Toutes ces précautions, en somme, sont élémentaires, et il ne faut, pour pratiquer l'engraissement, aucune connaissance, ni aucune aptitude spéciale; c'est un des travaux les plus simples de la ferme, et c'est aussi l'un des plus rémunérateurs de l'industrie avicole.

Au temps où l'incubation artificielle n'était pas encore entrée dans la pratique, où il semblait qu'il était de toute impossibilité d'obtenir des poulets en dehors de l'époque où les poules ont coutume de les produire, c'est-à-dire d'avril à septembre, l'habitude d'engraisser les jeunes poulets était beaucoup moins répandue. On ne considérait comme possible et avan-

tageux que l'engraissement des chapons. — Le
chapon fin constituait le mets le plus délicat que l'on
pût offrir en un grand dîner, et les gourmets s'ex-
tasiaient sur cette variété toute spéciale de gallinacés :

> Exempts du triste embarras
> Qui maigrit l'espèce humaine,
> Comme ils sont dodus et gras,
> Ces bons gros chapons du Maine !

A cette époque, en effet, on n'avait de poulets tendres que pendant six mois de l'année, et si l'on voulait en manger encore pendant les six autres mois, de
décembre à juin, il n'y avait pas d'autre moyen
de pouvoir les conserver à peu près tendres et surtout de les maintenir en assez grand nombre dans
une même basse-cour, que de les chaponner.

On faisait ainsi rôtir des poulets de huit à dix mois,
parfois un an et plus, dont la chair n'était pas encore
trop coriace, dont le volume était des plus respecta-
bles, et dont l'embonpoint, sans préparation spéciale,
était généralement suffisant.

Le chapon n'ayant plus, dans la basse-cour, d'autre
préoccupation que de satisfaire aux besoins de son estomac, mangeait avec avidité — d'où la locution courante en campagne : « gourmand comme un chapon »,
et il n'était pas besoin de recourir à l'engraissement
forcé pour qu'il soit toujours bien en chair. Ce n'était
que lorsqu'on le voulait « dodu et gras » pour les
grandes circonstances, qu'on lui appliquait un régime
particulier. Aujourd'hui on ne fait plus ou presque
plus de chapons ; on a reconnu que c'était métier de

dupe de nourrir un poulet pendant dix ou douze mois
quand on pouvait, en quatre mois, avoir une pièce
tout aussi belle, tout aussi fine et même sensiblement
plus fine et ce, à toute époque de l'année, sans avoir
à tenir compte des saisons.

Il existe cependant, en France, deux régions où
l'on fait encore quelques chapons en vue surtout
des concours spéciaux de volailles grasses, et pour
obtenir des pièces d'un aspect exceptionnel. Nous
employons à dessein le mot aspect, et non le mot
qualité, car ces lauréats de grands prix, triomphants
après leur sortie du concours agricole à la vitrine
des grands restaurants à la mode, ne vaudront jamais le rôti fait d'un bon poulet de trois mois et demi
engraissé à point.

La Sarthe et la Bresse se disputent l'honneur de
produire les plus beaux et les meilleurs chapons.

En général, la Sarthe l'emporte par l'ampleur, la
Bresse par la finesse; mais, de chaque côté, moins on
en fait et moins on veut en faire, car le chaponnage
est une opération assez délicate, demandant un tour
de main tout spécial. — Les praticiens, opérant peu,
forment peu d'élèves, et petit à petit les bons opérateurs
faisant défaut, les accidents sont plus fréquents, les
pertes plus nombreuses et les producteurs de poulets
renoncent, chacun à son tour, à faire chaponner
leurs élèves.

Il est cependant bon, même quand cette industrie
devrait incessamment tomber en désuétude, de rappeler comment se pratique le chaponnage et comment
n'importe qui, sans étude préalable, peut tenter
l'opération avec toute chance de succès. — Nous ne

parlerons pas de la méthode empirique, seule connue
des bonnes femmes de campagne, mais de la méthode vétérinaire, n'exigeant pas les doigts fins et
effilés et surtout l'air profondément entendu et capable des chaponneuses bressannes, d'accord avec les
phases de la lune. Chacun peut opérer avec un petit
outillage spécial, peu coûteux, et qu'on peut se procurer un peu partout.

Notre trousse est peu garnie ; elle contient seulement deux bouts de ficelle, un petit couteau, un
étendeur et une paire de pinces.

Avant de commencer l'opération, choisissons

Couteau.

d'abord notre sujet : ce sera un coq jeune, de deux
à quatre mois au plus, suivant la saison, commençant
à peine à chanter, qui aura été soumis préalablement
à un jeûne de vingt-quatre à trente-six heures.

Vous vous installerez sur une petite table, au
grand jour ; le soleil ne peut être qu'une cause de
réussite. Prenant dans la trousse les deux bouts de
corde, vous fixerez à l'extrémité de chacune, un
poids d'une livre environ ; avec le bout libre d'une
des cordes vous attachez les pattes du poulet (qui se
trouve placé sur la table, sur le côté gauche, le dos
tourné vers l'opérateur) et laissez pendre le poids
par-dessus la table ; ceci fait, attachez les ailes avec
l'autre corde, en laissant tomber le poids par-dessus

l'autre côté de la table, et vous aurez votre volaille en position.

Enlevez alors les plumes depuis la hanche jusqu'à la dernière côte, mouillez les autres tout autour pour les tenir plaquées, puis maintenez quelques instants sur la peau un linge imbibé d'eau très froide, ou même un morceau de glace. L'action du froid rendra la chair insensible et l'oiseau éprouvera peu de souffrance.

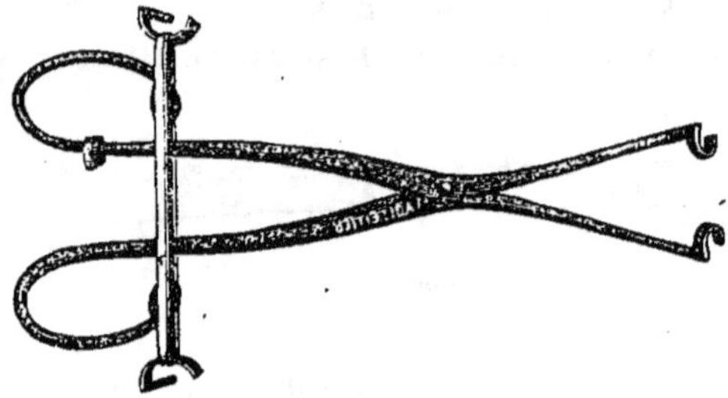

Extenseur.

Ces préparatifs terminés, enfoncez le couteau à un centimètre et demi de profondeur, juste entre la première et la seconde côte en comptant celles-ci depuis la hanche, et coupez en bas et puis en avant, suivant la direction des côtes; tournez le couteau et coupez presque jusqu'à l'épine dorsale.

Le couteau retiré, séparez les côtés avec les étendeurs, ouvrez avec soin la couverture des intestins et vous verrez le testicule supérieur.

Prenez ce testicule avec les pinces et détachez-le sans tirer, par un mouvement de torsion, de façon à ne pas léser les organes voisins. Agissez de même pour le second, en ayant bien soin de ne pas froisser ou déchirer la veine qui existe en dessous des testicules. Cette blessure serait mortelle.

Détachez alors les cordes et rendez le patient à la liberté, sans toucher à sa plaie, mais pendant deux

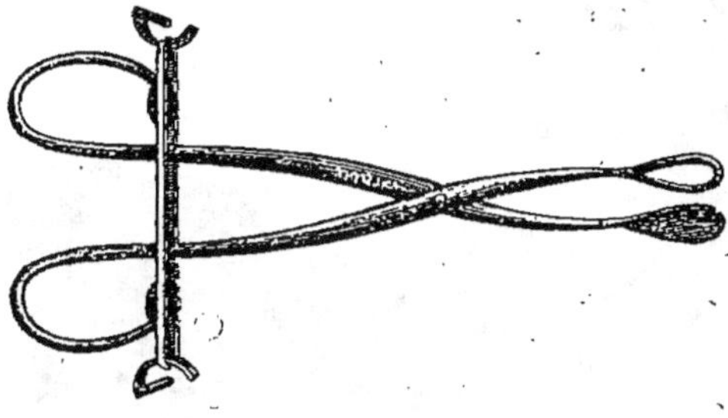

Pince.

ou trois jours, ne le laissez pas voler. même pour se percher. — Au bout de trois jours, il sera tout à fait remis.

*
* *

On utilise encore les chapons, dans certaines contrées, pour l'élevage des poussins.

L'animal ne pouvant plus être coq, se fait volontiers poule ; privé de son rôle de procréateur, il se contente de celui d'éducateur et il adopte et conduit des poussins avec une sollicitude toute maternelle. — Il a même sur la poule cet avantage d'être d'humeur plus égale, moins nerveuse, moins craintive, et d'avoir une puissance de bec et d'éperon supérieure pour défendre sa nichée. — Étant plus gros, plus en plumes qu'une poule, il présente aussi une surface

Chapon.

d'abri plus grande et peut protéger une couvée plus nombreuse.

Une fois transformé en mère éleveuse, il peut s'acquitter de sa mission presque d'un bout à l'autre de l'année.

Dès que les poussins sont assez forts pour se passer

de ses soins, on lui en donne d'autres nouveau nés
qu'il accueille aussitôt avec des précautions en rapport avec leur âge, les couvant à chaque instant, les
invitant à manger, faisant en un mot l'office de la
poule qui les aurait fait éclore sous ses propres ailes.

Le chapon, à l'âge de deux ou trois ans, devient,
en outre, un oiseau fort élégant, presque ornemental
dans une basse-cour, surtout s'il est de race un peu
distinguée, à nuances vives. Les plumes de queue se
sont allongées, au point de retomber en plumet démesuré comme la queue du Yokohama et du Phœnix; le
coloris des plumes s'est accentué. — Ce n'est plus un
poulet, c'est un oiseau de volière, aux formes impo-
santes-et au riche plumage. — Rien qu'en vue de
l'obtention de ce résultat, il serait intéressant de faire
des chapons.

NOVEMBRE

Le mois de novembre ouvre la période des grandes expositions avicoles. Paris, Londres, Bruxelles, vont successivement tenir les plus importants et les plus brillants concours d'animaux de basse-cour qui soient au monde.

C'est le moment de tirer à la fois honneur et profit des élèves que l'on a soignés avec tant de sollicitude depuis le commencement de l'année. Mais il ne suffit pas, pour tenir un rang honorable dans une exposition sérieuse, de présenter des bêtes de bonne race, élevées dans de bonnes conditions, bien choisies et bien portantes; il convient aussi de les préparer assez longtemps à l'avance et de procéder, au dernier moment, à une toilette générale qui fasse ressortir et mette en valeur toutes les qualités. La toilette ne saurait aller jusqu'au maquillage, que d'ailleurs tous les juges ordinaires des grands concours reconnaissent au premier coup d'œil et qu'ils condamnent impitoyablement.

On a beaucoup discuté sur la question; sur la délimitation du point précis où cette toilette cesse d'être un complément naturel des soins de propreté ordinaires, pour devenir du maquillage, et, par conséquent, un acte répréhensible. On arrivera difficilement à se mettre d'accord sur ce point délicat.

Un vieux routier des expositions, devant qui nous émettions dernièrement l'avis que tout maquillage devait être formellement repoussé, nous répondait philosophiquement et non sans un certain sentiment de vérité :

« La toilette cesse là où le maquillage commence, mais celui-ci n'existe qu'autant que l'auteur a été assez maladroit pour en laisser voir les traces. Or, tant pis pour les maladroits, condamnez-les, ce n'est que justice. » Malgré l'élasticité de cette théorie, nous sommes bien forcés de reconnaître que, dans la pratique, il est bien difficile d'agir autrement. Évidemment, il faut réprimer les fraudes, les poursuivre même, avec la plus grande énergie, mais combien de fois un juge, fût-il animé des meilleures intentions, eût-il même reçu du comité qui le met en action, un mandat impératif, pourra-t-il constater les fraudes, si celles-ci sont habilement faites? Il faudrait, pour cela, exiger la suppression de toute toilette, et encore, bien des fois, la nature se livrera d'elle-même à des fantaisies qui plongeront le juge le plus scrupuleux dans une grande perplexité; et, si peu que l'art vienne en aide à la nature, son embarras sera complet et il n'aura qu'à battre en retraite avec ses projets de moralisation.

Pourra-t-on, par exemple, exiger que les Padoue hollandais se présentent la huppe embroussaillée, avec des plumes noires en avant, de toute leur longueur, venant se mêler, comme des chardons dans

un champ de blé, aux plumes blanches et imma-
culées de la calotte d'arrière? Laissera-t-on la teinte

Poule Padoue hollandais avec toilette faite.

jaunâtre des plumes salies au contact du sable et du
fumier? en tolérera-t-on la petite lessive ordinaire,
dans laquelle quelques amateurs pourraient rivaliser
avec les meilleures blanchisseuses de fin? On trouve

8.

cependant des huppes d'un beau blanc, sans avoir été lavées, quand les plumes ont poussé à l'abri et quand la poule n'a pas, depuis six mois, risqué une patte au soleil, ou sur le gazon ; et pourtant, dans ces deux cas, y a-t-il toilette ou maquillage?

Est-ce en lavant, la veille d'une exposition, la huppe d'une poule laissée libre toute l'année dans la basse-cour, ou en la tenant préalablement enfermée pendant six mois éloignée de la reproduction, sur une litière soigneusement changée chaque matin?

La toilette qui consiste à mettre en valeur, au maximum, toutes les qualités, à flatter l'œil, par la bonne tenue, le lustre et la propreté, est non seulement autorisée, mais elle est de rigueur, comme, pour le soldat, l'astiquage avant la parade.

Et la pénalité est vite prononcée contre celui qui ne s'est pas conformé à la règle : c'est la privation de récompense ou la mention honorable accordée, comme fiche de consolation, en place du premier prix.

Donc tout aviculteur qui veut aborder les concours ne saurait se dispenser de préparer ses bêtes.

Toutes poules à huppe auront été, au moins un mois à l'avance, enfermées individuellement, non par petits groupes, dans des niches spacieuses ou dans des parquets couverts, avec une abondante litière bien sèche et renouvelée presque chaque jour.

Dès le début, les huppes auront été soigneusement lavées à l'eau sulfureuse pour détruire tous les acares qui souvent font élection de domicile à cet endroit du corps où ils sont à l'abri des coups de bec et où ils pullulent tout à leur aise. Ces acares coupent la base de la plume qui devient terne et reste courte. La huppe, débarrassée de ces parasites, prend toute son extension, et la plume a tout son éclat.

La pâtée, les pommes de terre, ou toute alimentation humide ou grasse est supprimée. En même temps que la huppe, les pattes sont aussi l'objet de soins particuliers. Pour les poulettes, dont l'écaille est lisse et brillante, rien à faire ; mais, pour les poules, une ou deux couches de pommade soufrée, à quelques jours d'intervalle, atténueront les rugosités. Un lavage à l'huile d'olive, avec une brosse à dents, fera disparaître, au moment du départ, toutes les traces de soufre, et la patte aura son aspect tout à fait normal. Éviter de se servir du savon noir, dont l'action décolore l'écaille. L'huile nettoie tout aussi bien, et, bien essuyée, ne laisse pas de traces sur les plumes.

Éviter de se servir de pétrole qui, sur le moment, donne un aspect très brillant, mais ensuite fait blanchir les écailles et les fait tomber.

Les Cochinchinois, les Brahma et races analogues dont les plumes des pattes, les manchettes et les coussins font le principal ornement, ne devront pas davantage mettre une patte dehors, dans la rosée ou dans la boue, plus d'un mois avant l'exposition.

Le meilleur moment pour les mettre à l'abri est celui où les plumes nouvelles sont à moitié repoussées (du 15 octobre au 15 novembre).

Le nouveau régime commencera par un bain sulfureux et un nettoyage méticuleux des pattes, pour ne laisser aucune plume collée à une autre par de la boue, et pour détruire, dans les coussins, les acares

qui, dans ces épaisseurs duveteuses, prospèrent toujours à l'aise, et dont les masses agglutinées grou-
pent les plumes en faisceaux et les empêchent de
bouffer. Ceci fait, le parquet étant couvert et la li-

Coq Nangasaki
préparé pour un Concours.

tière toujours sèche, un tas de cendre de bois, où les
poules puissent se poudrer, étant à proximité, les
plumes s'allongeront, seront résistantes sans rigidité
et les poules auront une ampleur n'ayant aucun rapport avec celles qui seront restées en liberté au brouil-
lard et dans les cours humides.

Naturellement, coqs et poules seront séparés : un Cochinchinois ne prendrait pas garde que, dans son ardeur auprès d'une poule, il peut se casser une des longues plumes de la patte ou qu'il peut froisser un des jolis bouffants de la poule; — un Houdan n'aurait cure qu'en maintenant sa poule, la plume

Coq de Hambourg
préparé pour un Concours.

de la huppe qu'il aura saisie va lui rester au bec et que, si l'accident se renouvelle plusieurs fois de suite, celle-ci se présentera au concours avec une huppe mesurant un ou deux centimètres de diamètre de moins qu'elle ne devrait avoir, et sera battue par une concurrente plus sage ou plûtôt mieux séquestrée.

Il faut aussi compter avec le picage, et prévoir

qu'il est bien rare que des bêtes enfermées, dans un espace assez restreint, ne trouvent pas meilleur passe-temps que de s'arracher les unes aux autres quelques plumes et, dans ce cas, ce sont toujours les mieux placées qui disparaissent.

La veille du départ pour l'exposition, lavage général de toutes les poules blanches à l'eau sulfureuse et séchage dans des paniers placés autour d'un poêle, lavage des huppes blanches ou blanches et noires, même des noires si elles ont été maculées, mais, pour les unes comme pour les autres, en frottant toujours dans le sens de la plume, pour ne pas l'ébouriffer et en évitant d'employer le savon noir qui lui retire son lustre.

Enfin dernier lavage des pattes à l'huile, avec essuyage parfait, pour n'en laisser aucune trace. Si, avec ces menus soins de toilette, les poules ont été bien nourries, sont en santé et de poids normal, elles ont toutes chances de rapporter les lauriers.

*
* *

En novembre, l'agriculteur qui se préoccupe plutôt du marché que des concours, finira de plumer les oies, qu'il aurait dû plumer dans la deuxième quinzaine d'octobre. Vers la fin du mois il mettra à l'engraissement celles qui ont été plumées en octobre et dont le duvet est repoussé.

C'est aussi le moment d'engraisser les dindes dont la vente est avantageuse pendant tout le mois de décembre. Le marché qui précède Noël de quelques jours, donne souvent le cours le plus élevé, mais la différence est minime avec celui des autres marchés du mois. Pour profiter de ces cours il convient de commencer l'engraissement trois semaines avant, c'est-à-dire du 10 au 30 novembre. — L'engraissement des dindes se fait indifféremment à l'entonnoir ou aux pâtons. — Il peut se faire à la rigueur à la gaveuse mécanique, mais les deux autres méthodes sont plus simples et plus pratiques. — On arrive, avec les pâtons, à un engraissement plus complet, mais, par contre, les accidents sont plus nombreux; le moindre moment d'inattention, le moindre défaut de précaution de la part du gaveur, un dinde est étouffé en moins de temps qu'il n'en faut pour l'écrire. — Les accidents sont beaucoup plus rares, sinon nuls avec l'entonnoir. — Dans le Midi, on gave les dindes avec du maïs en grains que l'on pousse dans le fond du bec, et que l'on fait descendre ensuite par une pression des doigts le long du cou. — Ce système n'a que l'inconvénient de prendre beaucoup de temps. — On fait encore le gavage avec des noix tout entières, non cassées, et la faculté de digestion du dinde est telle que le bois se trouve dissout dans son jabot et qu'il engraisse tout de même. — C'est là, toutefois, un régime peu substantiel, donnant à la viande un goût désagréable et qui, en somme, est peu à recommander.

Pour le gavage aux pâtons, on prépare une pâte faite de farine d'orge non blutée et de petit-lait, ou tout au moins de lait écrémé, aussi épaisse que possible. Nous disons bien farine non blutée, parce que la farine blutée fait une pâte trop molle, se tenant moins, et trop gluante. — On en prépare environ la valeur

d'un décimètre cube par dindon, et on divise le bloc
en boulettes allongées d'un centimètre et demi environ de diamètre sur 5 centimètres de longueur. On
saisit alors le dinde entre les genoux, les pattes reposant à terre, et de la main gauche on lui tient le bec
ouvert, le cou étant allongé le plus possible; la
main droite introduit la boulette préalablement
trempée dans du lait. L'index la fait pénétrer au
fond du gosier, puis la même main, passant extérieurement le long du cou, conduit la boulette jusqu'au
jabot. L'opération, très simple, est vivement faite,
l'essentiel est de ne pas ingurgiter une nouvelle boulette avant que la précédente ne soit bien descendue.

Avec l'entonnoir on se sert de pâtée liquide, de
l'épaisseur de pâte à beignets et faite, cette fois, de
farine blutée, le son ne pouvant que l'empêcher de
glisser dans l'entonnoir et, toujours, de petit-lait,
celui-ci étant de digestion plus facile, de meilleure
assimilation et coûtant sensiblement moins cher.

Pour le gavage, le procédé est à peu près le même :
le cou étant allongé et le bec étant ouvert par la main
gauche, l'entonnoir est introduit dans le bec de
toute la longueur de la douille, 10 à 12 centimètres,
et la pâtée se verse au moyen d'une cuiller à pot.
Deux, trois, quatre cuillerées forment la ration d'un
litre ou un litre et demi suivant la grosseur du dinde
et le degré d'engraissement.

Le repas terminé, le dinde est placé sur une litière
fraîche, où il n'a qu'à digérer dans le calme le plus
absolu. En trois semaines il a dû atteindre le maximum d'engraissement et peut prétendre à l'honneur
d'être dûment et correctement truffé.

*
* *

Vers la fin du mois, les œufs vont devenir rares et se vendront bon prix. Il est intéressant d'en obtenir le plus possible, et, à cet effet, de donner aux poules susceptibles de les produire quelques soins spéciaux.

Avoir pour cela des poulettes nées dans le courant de mai ; ce sont celles-là qui pondront le plus, du 15 novembre au 15 janvier.

Leur donner une nourriture tonique, avoine, sarrasin, et un peu de poudre d'os mélangée à du pain trempé ou à des pommes de terre cuites, mais la pâtée en très petite quantité, seulement comme véhicule de la poudre d'os. En plus, leur éviter toute humidité et les faire coucher si possible dans une écurie ou dans une étable.

Les distributions de verdure constituent aussi un des éléments indispensables à l'entretien des gallinacés en général. Et pourtant, presque partout, les volailles sont condamnées pendant tout le cours de l'hiver au régime exclusif du grain et de la pâtée. De là, quantité de maladies et d'accidents dont un des moindres est le picage. En été, quand les salades de toutes espèces, les bordures de chicorée sauvage et d'oseille, foisonnent dans les potagers, les poules profitent encore de fréquentes distributions de verdure ; mais viennent les premières gelées, le régal cesse du jour au lendemain. Il est cependant bien simple de suppléer aux salades par les choux qui résistent assez longtemps aux gelées d'automne et que l'on peut facilement se procurer à bas prix jusqu'en no-

9

vembre et décembre. Le chou, grâce à la quantité de phosphore qu'il contient, est un des aliments les plus précieux pour le développement et la formation de la plume et, juste à ce moment où la mue n'est pas encore complètement terminée, il constitue une des meilleures nourritures. Puis le chou revient toujours moins cher que le grain, et pendant que les poules mangent l'un elles réservent l'autre. Il y a à la fois avantage pour la santé et économie. Pour que celle-ci soit complète, le chou doit toujours être distribué dans les parquets, suspendu à une ficelle ou à un fil de fer.

Dès que les choux sont épuisés, on peut gagner le printemps en remplaçant ceux-ci par des betteraves qui, dans une cave bien saine, se conservent tout l'hiver. Les poules et les faisans en sont très friands et finissent par la manger jusqu'à ce qu'il ne reste que la peau. Les betteraves étant généralement grosses, on les coupe en deux, ce qui donne plus de facilité aux poules pour becqueter. Comme pour les choux, un simple fil de fer, passé à travers la betterave, sert de support et, jusqu'au dernier brin, tout est propre et appétissant. Quatre poules et un coq de grosse espèce consomment facilement la moitié d'une betterave dans leur journée et, comme il faut pour cela nombre de coups de bec, c'est une occupation presque constante qui ne laisse plus le temps pour le picage ni pour les batailles, et il est facile de constater à la nuance des crêtes et au brillant du plumage, les avantages du régime. — La ponte surtout sera régulière et abondante.

Avec les mêmes soins, les poules de deux ans commenceront à donner quelques œufs vers la fin du mois.

DÉCEMBRE

En aviculture, comme en commerce, décembre est
le mois de la liquidation générale. Noël est le terme
fatal pour les troupeaux d'oies et de dindons; le
grand vide que leur départ laissera dans la cour de
la ferme sera compensé par la somme d'argent, fort
respectable, qui sera rentrée dans la caisse. La gaveuse attend les derniers canetons nés à l'arrière-
saison et les derniers poulets qui n'ont pas toutes les
qualités requises pour être conservés à la reproduction. A la fin du mois il ne doit rester dans les parquets que les champions de concours et les reproducteurs sévèrement sélectionnés, en nombre strictement
nécessaire. Moins ils seront nombreux, plus ils auront chance de se rapprocher de la perfection, plus
ils profiteront des soins qui leur seront donnés jusqu'au printemps, et plus les produits de la saison
prochaine seront beaux et vigoureux. — La sélection
portera aussi bien sur les poulettes que sur les coquelets, à moins que l'on ne vise uniquement la production des œufs; ceci est de l'exploitation avicole et
n'est plus de l'aviculture. Pour cette industrie spéciale, qui n'est pas sans valeur dans bien des endroits,

les qualités individuelles de chaque poule sont sans importance ; tout l'intérêt consiste dans le choix de la race, dans l'âge et dans la santé des sujets, dans l'aménagement de leur habitation et dans la nourriture.

Quant aux volailles de race, qu'il s'agit non seulement d'entretenir dans toute leur pureté, mais de toujours tendre à perfectionner, on ne saurait trop insister sur l'importance, sur la nécessité de la sélection, et sur la minutie avec laquelle il convient de la pratiquer. — Tout sujet sacrifié vaut un point de plus sur la valeur de toute la production prochaine. Il y a plus à gagner avec cinq ou six bêtes sévèrement triées parmi une centaine, qu'avec vingt-cinq, fussent-elles bonnes et même de qualité supérieure. Il n'est d'ailleurs pas possible, dans le meilleur élevage, dans le plus savamment conduit, de trouver plus de cinq pour cent des sujets, non pas parfaits, la perfection n'existe pas, mais se rapprochant de la perfection et du type idéal. Et plus on cultive une race, plus on est familiarisé avec tous ses caractères généraux et particuliers, plus on la connaît dans ses moindres détails, plus on se forme un idéal difficile à atteindre, plus on devient intransigeant sur des défauts de forme, de plumage, d'attitude même, qui passeraient inaperçus pour tout le monde, et qui deviennent, pour le véritable aviculteur, des vices redhibitoires.

Et, à ce propos, beaucoup de novices, de débutants, voudraient un guide sûr, infaillible ; ils réclament une sorte de cours de sélection, indiquant de point en point la marche à suivre. Le guide, c'est le standard établi, pour chaque race, par les sociétés avicoles de tous pays ; ce sont tous les articles publiés depuis plus de vingt ans par l'*Aviculteur ;* ce sont les expositions, véritables leçons de choses, où des juges, presque toujours experts en leur art, soulignent par l'application de prix, des qualités ou des défauts qui n'apparaissent pas souvent à première vue. — Mais, en plus de cela, il faut la pratique ou les conseils longtemps suivis d'un praticien. On ne s'improvise pas aviculteur, même avec des livres ; on le devient en élevant, en choisissant, en exposant, en manipulant des poules ; et, de même, deviendrait-on musicien en achetant un violon et une méthode pourtant parfaitement faite, indiquant depuis la manière de placer les doigts pour monter la gamme, jusqu'à la tenue de la main à la septième position? Assurément non. On voit tous les jours, sur les foires, des marchands de petites flûtes en fer-blanc, vendant la flûte et la méthode bien explicite. Ceux-ci tirent de leur instrument des sons presque mélodieux et jouent des airs d'opéras ; quand l'acheteur est en tête-à-tête avec sa méthode et sa flûte, il n'en tire absolument rien. Il est pourtant possible d'en jouer, comme le marchand ; mais celui-ci a pratiqué. Il n'y a pas autre chose à faire en aviculture.

*
* *

Quand on ne cultive pas spécialement les races pures et quand on ne vise que l'harmonie générale de la basse-cour, il n'en faut pas moins faire de la sélection, mais les principes à observer se limitent aux généralités. — Il est notamment très important de se préoccuper des signes extérieurs indiquant l'inaptitude à la reproduction. Beaucoup de coqs, ne différant nullement des autres à première vue, sont tout à fait incapables de féconder. Souvent les éleveurs sont surpris de la quantité d'œufs clairs qu'ils rencontrent dans les couvées, et cependant les parquets sont bien agencés, toutes les conditions d'hygiène sont réunies, les poules sont en parfaite santé, et le coq présente toutes les apparences de la vigueur et de la rusticité. On s'en prend au temps humide, à la nourriture, à la couveuse même qui a pu détruire les germes pendant les premiers jours de l'incubation. On va chercher bien loin, des raisons qui n'existent pas. — La seule cause est l'inaptitude du coq à la reproduction.

Pour un connaisseur, habitué à juger les animaux, cette incapacité se reconnaît à la simple inspection du sujet, mais on comprend facilement que ces signes échappent à un œil inexpérimenté.

Sans poser des principes absolus, car la nature a des bizarreries qui détruisent les règles les mieux établies, on peut considérer comme un indice défavorable chez le coq :

Le port irrégulier de la crête, pliée ou pendante, ou plus développée d'un côté que de l'autre ;

Le développement exagéré de la crête ;

L'inégalité des barbillons ;

La queue portée de côté, ou trop droite et revenant sur le dos ;

L'exagération, avant l'âge, dans la longueur des éperons, ou leur inégalité ;

Des faucilles trop longues ou trop courtes, suivant la race et, en général, tout caractère rappelant la poule;

Le manque d'équilibre dans toutes les parties correspondantes du corps; par exemple, dans les races qui portent la crête en forme de cornes, une pointe beaucoup plus longue que l'autre.

Nous ne parlerons pas des tares accidentelles telles que goutte, oignons aux pattes, induration des doigts, etc., tout cela ne rentre pas dans notre sujet.

Les cas d'infécondité sont plus rares chez la poule, cependant on doit la considérer comme plus ou moins bonne pour la reproduction : quand elle prend les allures du coq; quand ses pattes sont munies d'éperons adhérents à l'os; quand sa queue est allongée et ornée de faucilles; mais, malgré cela une poule ne donnant, par son fait, aucun œuf fécondé, est une rare exception.

Dans toutes les espèces et dans toutes les races, le propre de l'animal reproducteur est d'avoir une harmonie parfaite dans toutes ses formes.

Les organes générateurs étant toujours doubles, il s'ensuit que tout organe secondaire représente l'équilibre qui existe entre les premiers. Aussi la faiblesse des uns indique l'atrophie des autres, et rarement un animal mal équilibré, dans ses membres ou dans ses indices masculins extérieurs, tels que la crête, les bois, les cornes, les défenses, la crinière, n'a pas un côté faible dans les organes générateurs internes, et reste capable de faire un bon reproducteur.

Une chose assez singulière à remarquer à ce propos, c'est qu'une atrophie accidentelle, même à l'âge adulte, d'un des organes générateurs entraîne, à bref délai, l'affaiblissement d'un organe extérieur correspondant.

Un cerf blessé en chasse, sans que mort s'en soit suivie, et ayant subi, par le fait, une demi-castration, fut pris l'année suivante avec un de ses bois moitié plus développé que l'autre, et la partie la plus faible correspondait au côté blessé.

Le fait est relaté dans le *Bulletin de médecine vétérinaire* et ne peut être mis en doute.

Le chaponnage, chez le coq, entraîne la perte de la crête. — Une expérience est facile à faire sur un coq d'une race à crête bien divisée en deux parties égales. — Ce serait de ne chaponner le coq que d'un côté. En peu de temps la partie correspondante de la crête sera atrophiée au point de disparaître presque complètement. Cela prouve d'une manière incontestable que quand un coq présente un barbillon beaucoup plus petit que l'autre, ou un côté de la crête beaucoup plus faible, la même disproportion existe soit naturellement, soit par une cause accidentelle, dans les organes générateurs et, par conséquent, l'animal est inapte à la reproduction ou ne peut faire qu'un mauvais reproducteur.

*
* *

Les couvées, au mois de décembre, s'imposent dans différents cas : pour l'éleveur industriel ce sont les poulets dont la vente donnera les plus beaux bénéfices; au château, c'est le seul moyen de pouvoir offrir un poulet frais et tendre, quand on recevra ses premiers hôtes, dans la dernière quinzaine d'avril; pour l'amateur de bêtes de races, c'est déjà le moment de songer à la production des Cochinchinois et des Brahma qui, nés vers le milieu de janvier, auront atteint leur complet développement avant l'automne prochain, et acquiéreront ainsi leur maximum de taille et d'ampleur.

Les couvées hivernales ont donc bien des fois leur raison d'être, et personne ne songe à contester leur utilité; mais souvent on recule devant la difficulté de la mise en pratique, supposant la chose beaucoup plus compliquée qu'elle ne l'est en réalité.

Trois modes différents sont applicables et usités, suivant les pays : les poules Cochinchinoises, qui, avec une bonne nourriture et des poulaillers confortables, demandent elles-mêmes à couver; les dindes soumises de force à l'incubation, et les couveuses artificielles. — Nous ne chercherons pas à dissimuler que ces dernières ont toutes nos prédilections, quoique, cependant, nous trouvions très avantageux l'emploi de la poule Cochinchinoise quand il ne s'agit que d'un nombre très restreint d'élèves destinés à la reproduction et non à la consommation. — Mais, du moment que l'élevage a pour but la cuisine ou la vente sur les marchés, l'incubation artificielle, pour les couvées d'hiver, est la seule pratique et la seule avantageuse. Les raisons sont nombreuses en faveur de cette opinion, une seule suffirait : à cette époque de froid, de vent, d'humidité persistante, les œufs sont peu ou point fécondés et les éclosions sont loin d'être en rapport avec le nombre des œufs soumis à l'incubation : si l'on n'opère que sur une petite quantité les résultats sont dérisoires, sans que, pour cela, la peine et la dépense soient atténuées. Avec les poules ou les dindes, qui salissent leurs œufs, le mirage est difficile, et l'on est obligé, la plupart du temps, de laisser des œufs clairs pendant trois semaines sous une malheureuse bête qui, après son insuccès, n'a plus qu'à recommencer une nouvelle couvée. Outre le temps perdu, il faut compter la perte des œufs, perte sérieuse au moment de l'année où les œufs atteignent leur prix le plus élevé, — et la moins-value sur la vente des poulets qui arriveront sur le marché trois semaines en retard.

Dans les couveuses artificielles où le mirage est facile à cause de la propreté des œufs, on est fixé dès le troisième ou le quatrième jour, sur le résultat de la couvée; les œufs clairs, qui n'ont contracté aucun mauvais goût au contact de la poule, peuvent encore être livrés à bon prix à la consommation. De cette façon, on ne redoute pas de soumettre à la fois un grand nombre d'œufs à l'incubation, afin d'être certain d'avoir, à date fixe, la quantité de poussins que l'on s'est proposé d'élever.

On nous a parfois demandé si les couveuses artificielles fonctionnaient aussi bien pendant la saison d'hiver, que par une température douce et régulière. C'est tout spécialement pour cette époque que la couveuse a été faite. Elle manquerait tout à fait son but si la température extérieure avait sur elle la moindre influence. Si rigoureuse que soit la température, nous trouvons les œufs plus abrités sous ses châssis vitrés que sous l'aile de la meilleure dinde.

N'est-il pas aussi beaucoup plus simple, puisqu'il faut opérer sur de grandes quantités, de chauffer trois ou quatre couveuses, que de lever, chaque matin, une cinquantaine de dindes qui absorbent une masse énorme de nourriture.

En été, quelques éleveurs soutiennent qu'une mère animée, dinde ou poule, est nécessaire pour promener les petits dans la prairie. Nous contestons absolument le fait; mais, en janvier et février, les promenades aux champs sont la plupart du temps sans objet et l'élevage du premier âge se fait uniquement dans les étables, dans les pièces chauffées et dans la cour qui les environne. La mère, quelle qu'elle soit, est condamnée à l'inaction la plus absolue, confinée dans un coin de l'étable; les petits courent tout autour d'elle et ne songent à la rejoindre que quand ils éprouvent le besoin de venir se mettre au chaud pour prendre un instant de repos. Dans ce cas la mère artificielle, non seulement vaut bien la dinde, mais elle a sur elle d'immenses avantages : toujours chaude, toujours prête à recevoir ses petits sous son aile de velours, elle n'a jamais ni frayeurs, ni impatiences, jamais un coup de bec ni un coup de patte, pas d'appétit démesuré, satisfait au détriment des friandises distribuées aux poussins; elle rend plus de services et exige moins de surveillance.

Dans les villas environnant les grands centres où l'on a quelques poules comme distraction, où, faute de place, on ne peut avoir ni dindes, ni couveuses, ni éleveuses artificielles, le mot « Aviculture » fait parfois rêver la maîtresse de maison, et elle aussi voudrait bien obtenir une couvée précoce, ne serait-ce que pour pouvoir dire, en causant avec de grands éleveurs : Moi aussi j'ai des poulets nés en janvier, qui seront bons à manger au mois d'avril, une vraie primeur.

Mais, pour obtenir cet heureux résultat, il faut une poule qui veuille bien demander à couver fin décembre. Et cette poule couveuse est un oiseau rare; comment se la procurer? Le moyen est plus simple qu'on ne le suppose. Il suffit, pour cela, d'avoir dans son poulailler trois ou quatre poules Brahma ou Cochinchinoises. L'une d'elles au moins ne manquera pas de pondre en décembre, car presque toutes celles de cette race pondent à cette saison. Dès que l'une aura adopté un nid pour pondre, protégez-la dans ce nid, de façon à ce qu'elle y soit bien abritée et que ses compagnes ne puissent l'y déranger, puis, dès qu'elle aura pondu, remplacez son œuf par un œuf de verre. Au bout d'une quinzaine de jours, dès que la poule sentira grossir sa nichée, elle demandera d'elle-même à couver et vous pourrez substituer aux œufs de verre les œufs de race pure que vous lui destinez. Ce moyen est infaillible.

*
* *

Décembre, avec son cortège de gels, de neige et de frimas, est marqué d'un point noir sur le calendrier des aviculteurs : Quand, plusieurs jours de suite, le thermomètre descend à plus de 7° au-dessous de zéro ; quand, avec cela, l'atmosphère est chargée de brumes, ou quand voltigent quelques flocons de neige, les crêtes des coqs gèlent. Ce n'est là qu'un petit accident, mais cet accident, répété sur une quantité de sujets de valeur réservés pour les concours, ou pour la vente comme reproducteurs, devient un désastre et cause des pertes irréparables. On ne saurait trop prendre de précautions pour l'éviter. Le moyen le plus simple et le plus sûr, à moins que l'on ait des poulaillers où la gelée ne pénètre pas, est, pendant toute la saison de froid, d'enfermer, chaque soir,. tous les coqs dans des paniers de voyage garnis de toile et de les placer dans un local où la température ne descende pas au-dessous de zéro et de ne les lâcher que vers midi, quand le thermomètre est un peu remonté. Même s'il ne gèle pas dans le poulailler, il est bon d'enfermer les coqs le soir, surtout ceux dont les crêtes et les barbillons sont de grande dimension ; s'ils ne sont pas pris la nuit, ils le sont le matin, et d'autant plus facilement qu'ils sortiront d'une température plus élevée.

Un moyen, radical il est vrai, mais essentiellement pratique, de protéger les crêtes des coqs contre la gelée, moyen applicable seulement aux coqs destinés à la reproduction et non aux champions de concours, est de les raser au mois de novembre, comme on fait aux combattants. Ainsi débarrassés de tous appendices charnus, aussi inutiles et encombrants que brillants et majestueux, ils peuvent affronter 25° de froid, et coucher au besoin dans un arbre, sans le moindre inconvé-

Tête de coq combattant avec sa crête.

nient. L'opération faite, ils ont plus tard l'avantage

de pouvoir, à l'occasion, subir comme les combattants, un assaut quelconque, sans être immédiatement ensanglantés et sans devenir malades à la
suite; plus vifs, plus alertes, n'étant plus exposés à
une foule de petits accidents qu'entraînent ces
crêtes démesurément hautes et larges, ils devien-

·Tête de coq écrêté.

nent des reproducteurs plus énergiques et plus vigoureux.

Il est bien difficile, pour ne pas dire impossible,
de guérir un coq dont la crête a été touchée par la
gelée; presque toujours les pointes tombent, parfois, même, une partie de la crête, surtout à l'arrière. Et celle-ci, plus tard, semble avoir été mal
coupée avec des ciseaux; les barbillons restent

fripés et ratatinés. Le coq perd ainsi toute sa prestance et son élégance. Les remèdes préventifs, autres que la mise à l'abri, ne donnent pas de résultats bien positifs. On a préconisé les frictions à la vaseline, au pétrole, à la glycérine. Cela ne protège pas contre les fortes gelées, et cause souvent, suivant le degré de pureté des substances employées, des irritations à la crète qui la font blanchir et peler et déparent le coq pendant longtemps. Le meilleur protecteur, pour des froids peu rigoureux, serait encore la traditionnelle axonge, plus simplement connue, hors la pharmacie, sous le vulgaire nom de saindoux.

Il convient encore de marquer par des bagues en celluloïd, toutes les bêtes qui ne l'ont pas encore été. Les bagues en métal avec millésime gravé sont également bonnes et constituent une sorte d'acte de naissance que la poule porte avec elle pendant tout le cours de son existence.

Inutile de marquer les dindes, du moins celles de l'année; elles portent elles-mêmes leur bague naturelle : jusqu'au mois de juin, elles conservent aux pattes l'écaille noire; ce n'est qu'après un an révolu que cette écaille noire tombera pour être remplacée par une rouge.

En décembre enfin, un devoir impérieux à remplir est de devenir aviculteur pour quiconque n'a pas l'heur de l'être. C'est le mois où s'ouvrent toutes les grandes expositions en France et à l'étranger; où chacun peut fixer son goût sur une race, l'observer, l'étudier, l'aimer, pour, plus tard, la cultiver avec autant d'ardeur que de science; où l'on peut, dans

les meilleures conditions, en se laissant guider par
un amateur consciencieux, faire choix des plus
beaux reproducteurs et où l'on peut sans témérité,
si on a du goût, si on a la foi, entrevoir, pour l'année
suivante, au delà des parquets remplis de ravis-
santes poules, tout un horizon de lauriers.

COURS PRATIQUE
D'INCUBATION ET D'ÉLEVAGE

COURS PRATIQUE

D'INCUBATION ET D'ÉLEVAGE

CHAPITRE I

C'est bien à dessein que nous prenons ce titre : Cours d'incubation — et que nous n'ajoutons pas le mot artificielle ; — car, bien que le but de notre étude soit principalement de rendre pratique et facile la conduite des couveuses et des éleveuses artificielles, en mettant à la portée de tous l'emploi de ces instruments si perfectionnés, nous voulons que les mêmes conseils s'appliquent à l'incubation naturelle.

Les fermières dont la basse-cour n'est pas suffisamment importante pour motiver l'emploi d'une couveuse, celles qui ne sont pas encore convaincues que les méthodes nouvelles d'élevage sont plus avantageuses que les anciennes, n'en sont pas moins dignes d'intérêt ; elles n'en tiennent pas moins leur place, si petite soit-elle, dans le mouvement général de l'aviculture, et elles ont droit, comme les autres, à des avis les aidant à mieux faire et à tirer de leur poulailler un meilleur produit.

D'ailleurs, l'incubation artificielle n'étant que l'application effective des principes de l'incubation naturelle, la couveuse n'étant, en somme, qu'une poule mécanique fournissant aux œufs tous les éléments que leur donnerait une poule naturelle, les conditions générales de l'incubation, les causes de succès et d'insuccès sont identiquement les mêmes dans les deux cas. Un œuf non fécondé ne donnera pas plus de poulet dans une couveuse que sous une poule; de même un embryon insuffisamment formé n'arrivera pas plus à son complet développement d'un côté que de l'autre; ce sont en somme les mêmes principes qui président au succès de l'incubation quelle qu'elle soit.

∗∗

C'est le cas, où jamais, de commencer *ab ovo*.

L'œuf est l'élément essentiel de l'incubation. Tout dépend de son choix : non seulement l'avenir, au point de vue race, type et perfection, mais le résultat immédiat : production d'un être vivant après vingt et un jours d'incubation.

Pour presque tout le monde, un œuf, une fois récolté, n'a rien qui le différencie d'un autre œuf; on est tout disposé à le faire couver, sans se préoccuper de la santé de la poule qui l'a pondu, des conditions d'hygiène dans lesquelles elle se trouvait, de l'âge du coq vivant avec elle, de sa vigueur, du nombre des coqs occupant la cour, proportionnellement à celui des poules, de la saison, du temps qu'il faisait et de quantité d'autres circonstances. C'est cependant de la combinaison heureuse ou fâcheuse de tous ces éléments que dépendra l'éclosion et la vie future du poussin, bien plutôt que de la machine ou de la poule qui aura couvé l'œuf.

Il est vrai que, dans les campagnes, et encore souvent dans les villes, il est un moyen bien simple de ne pas avoir à se préoccuper de tant de considérations diverses : en cas de mécomptes dans une couvée, la lune, l'omission de deux morceaux de fer placés en croix au fond du nid, l'orage, ou bien encore l'influence néfaste d'un saint quelconque, sont les auteurs responsables. Ignorance, négligence, imprévoyance sont tout simplement en cause.

*
* *

La première condition pour qu'un œuf éclose bien, c'est non seulement qu'il soit fécondé, mais que l'embryon qu'il contient soit viable et bien constitué. Aucun indice extérieur, même l'examen à l'ovoscope, ne pouvant déceler ces qualités, c'est aux auteurs de la production de l'œuf qu'il convient de se reporter pour être fixé.

Toute poule anémique, tenue en parquet étroit, ou dans une cour humide ou pavée, couchant dans un poulailler malpropre où la vermine pullule à son aise, où le cube d'air est insuffisant, toute poule nourrie à la pâtée, donnera des œufs parfois fécondés, mais clairs en majeure partie, et, si les germes se développent régulièrement pendant les quinze ou dix-huit premiers jours de l'incubation, la plupart mourront épuisés vers cette époque, sans avoir la force de sortir de leur coquille; ou bien, s'ils arrivent à la naissance, ce sera pour vivre chétifs pendant quinze jours ou trois semaines et périr misérablement. Les mêmes inconvénients se présentent avec des œufs pas frais, c'est-à-dire datant de trois à quatre semaines, ou bien ayant voyagé n'étant déjà plus frais (le voyage n'altère nullement les œufs récoltés dans la quinzaine) ou encore, conservés, depuis la cueillette, dans un local à température trop élevée. Les premiers œufs des poulettes sont aussi généralement défectueux.

Tout au contraire, avec des poules en pleine santé, à crête bien rouge, au corps pesant, libres dans la prairie, exemptes de boue, couchant à l'air libre, sous un hangar abrité des courants d'air, mangeant du grain — si les coqs partagent le même régime, ont la même vigueur, s'ils ne sont pas trop jeunes, n'ont pas les pattes galeuses, s'ils sont en nombre suffisant sans être trop nombreux, les œufs seront presque tous fécondés, les germes se développeront vigoureusement, tapissant de vaisseaux sanguins toute la face interne de la coquille dès le cinquième jour; l'éclosion se fera vivement en quelques heures et les poussins, solides sur leurs pattes, s'élèveront facilement et sans accidents.

Le nombre des coqs, relativement à celui des poules, est à prendre en grande considération. En parquet, six ou sept poules suffisent à un coq; en liberté, douze et même quinze ne sont pas trop. Les œufs seront mieux fécondés avec un coq pour quinze poules, qu'avec deux coqs, à moins d'un espace énorme permettant à chacun de se cantonner à distance avec une partie des poules. Autrement, s'ils peuvent seulement s'apercevoir, les scènes de jalousie se renouvellent sans cesse : dès que l'un manifeste quelque empressement auprès d'une poule, l'autre se précipite, une poursuite s'engage, et la poule attend toujours. Dans les grandes basses-cours de deux cents têtes environ, avec un coq par vingt poules, les œufs seront mieux et plus régulièrement fécondés qu'avec une proportion plus grande.

En hiver, se méfier des œufs pondus huit jours environ après une période de neige. Quand la neige persiste, coqs et poules restent inactifs sous un hangar, dans un coin d'étable, blottis les uns contre les autres et se soucient plutôt de réchauffer leurs pattes humides et glacées que d'assurer à la fermière des œufs fécondés pour la semaine suivante; car ce n'est pas à la veille d'être pondu que l'œuf reçoit la fécondation, mais quand il tient encore à la grappe, c'est-à-dire six ou huit jours auparavant.

Au résumé, la première précaution à prendre pour faire une couvée, soit sous une poule, soit dans une couveuse, est de se procurer de bons œufs, de s'assurer qu'ils sont frais; s'ils ont voyagé, qu'ils ont été expédiés frais; qu'ils proviennent de poules en parfaite santé, tenues dans de bonnes conditions d'hygiène avec de bons coqs, pas trop nombreux; choisir les œufs les mieux faits, à coquille lisse, sans trop s'attacher à la grosseur : en hiver, tous les œufs de poulettes sont petits et peuvent être tout aussi bons;

cependant, si toutes les poules ont le même âge, les plus gros sont préférables.

Quant aux œufs pointus devant donner des coqs et aux arrondis promettant des poulettes, nous laisserons libre carrière à toutes les convictions individuelles, avouant ne pas être sûr du tout que ce ne soit pas la formule inverse qui soit la bonne, si tant est qu'il y ait seulement une formule applicable. — Nous avons maintes fois remarqué qu'une poule pond presque toujours des œufs de même forme; une les donne souvent longs, l'autre plus arrondis; et quand, par hasard, une poule ayant caché son nid amène seule sa couvée, provenant bien d'œufs tous ronds ou tous longs, les coqs et les poules sont dans une proportion à peu près égale. — Conclusion : la distinction préalable des sexes, par l'inspection des œufs, ne paraît pas démontrée.

*
* *

Les œufs choisis, il s'agit de les mettre en incubation. Pour cela, trois procédés sont en présence : la poule, couveuse naturelle, — la dinde que l'on peut appeler couveuse semi-artificielle, puisqu'on la fait couver à volonté et pendant un temps indéterminé, — enfin, la couveuse artificielle.

La poule ne couve que quand elle est disposée, généralement au printemps, une fois sa première ponte terminée. Quelques races, telles que les Langshan, les Brahma, les Cochinchinois, fournissent des couveuses dès les mois de janvier et de février, mais ce n'est qu'une exception; ce n'est donc pas sur les poules

que l'on peut compter pour avoir des couvées pré-
coces.

Accouver une poule n'est pas chose difficile; toutefois ne faut-il pas, par trop de précautions, l'en-
traver dans son œuvre toute naturelle. Et c'est ce qui
arrive la plupart du temps. La poule, livrée à elle-
même, amène presque toujours sa couvée complète;
trop surveillée et trop choyée elle réussit beaucoup
moins bien.

On reconnaît qu'une poule est disposée à couver,
— demande à couver est le terme consacré —, quand
elle reste sur son nid, ne s'effraye pas quand on l'approche et fait entendre, quand on la touche, une sorte
de cri de détresse un peu semblable à celui que poussent tous les coqs lorsqu'un oiseau de proie passe au-
dessus d'une basse-cour. Puis, dès qu'elle est hors du
nid, elle marche en écartant les ailes, en hérissant les
plumes et en gloussant. Le gloussement est l'émission d'un son bien caractéristique que l'on ne peut
méconnaître quand on l'a entendu une seule fois; il
pourrait se traduire par la syllabe *cloc*, répétée une ou
deux fois. On dit habituellement, à la campagne, une
poule qui *cloque* et non qui glousse. Tant qu'une
poule quitte son nid et se sauve dès qu'on l'approche,
elle n'est pas encore suffisamment prête à couver. On
ne peut lui confier des œufs que quand tout instinct
de sauvagerie et d'indépendance a disparu pour faire
place à celui de la maternité; qu'on fasse d'elle ce
qu'on voudra, qu'on la prenne, qu'on la martyrise,
elle a fait le sacrifice de son existence pour son œuvre de procréation ; ce n'est plus une poule, c'est une
machine, c'est un thermosiphon fait pour donner,

pendant vingt et un jours, à ses œufs 40° de chaleur. Elle fera bien un peu, de temps en temps, preuve de vitalité par quelques coups de bec, mais ce n'est pas elle qu'elle défend, c'est sa couvée.

*
* *

La poule est donc prête à couver et *garde* le nid où elle a l'habitude de pondre, dans son poulailler. Il serait très simple de lui apporter là les douze ou treize œufs qu'on lui destine, mais les autres poules ne manqueront pas de vouloir pondre auprès d'elle ; des discussions s'ensuivront, des œufs seront cassés, de nouveaux œufs s'ajouteront aux premiers couvés, bref, rien de bon ne pourra sortir de cette promiscuité. Souvent même la couveuse, continuellement tracassée, abandonnera son nid avant la fin de l'incubation.

Elle sera bien mieux installée dans une pièce à part, un réduit quelconque où les autres poules n'aient pas accès. Les meilleures conditions pour ce local sont : un calme relatif, une température moyenne et aussi régulière que possible, situation à rez-de-chaussée, sol en terre battue, de préférence, lumière douce.

L'installation du nid est des plus simples : aussi sommaire que possible. — Un peu de paille brisée formant une dizaine de centimètres d'épaisseur, maintenue, au besoin, par un petit cadre de bois de 40 centimètres de côté ; au centre, quelques pincées de foin très fin pour former le nid et supporter les œufs. Éviter autant que possible tout ce qui peut empêcher le contact direct du nid avec le sol, par exemple un grand panier creux au fond duquel il faudrait une épaisseur de 50 à 60 centimètres de paille, ou bien une caisse suspendue à un mètre du sol. Dans cette situation les œufs se dessèchent et éclosent moins bien. Quand, au contraire, ils sont en contact presque direct avec le sol, ils trouvent une humidité salutaire qui facilite l'éclosion. Cela n'est d'ailleurs que l'application d'une loi naturelle : à l'état libre la poule ne ferait pas son nid dans un arbre. Elle déposerait ses œufs sur le sol même, sans à peine quelques brins d'herbe dessous ou plutôt autour, et couverait là, sans autres précautions, comme font les perdrix, véritables poules des champs, et les faisans, autres poules des bois.

Rien n'empêche cependant de mettre une poule couver dans le pondoir où elle a l'habitude de pondre ; son transfert au local d'incubation est même plus facile, en la transportant dans son habitation ordinaire, qu'en la prenant à la main pour l'installer dans un endroit inconnu où tout, dès le début, peut l'effrayer. Le pondoir étant formé de planches très minces, à peine jointes, et ne pouvant contenir que peu de paille, le nid se trouve aussi bien en contact avec le sol et en reçoit aussi directement les émanations d'humidité que sur un tas de paille plus épais.

En été, par les grandes chaleurs et les grandes sécheresses, il est bon d'arroser le sol aux abords des nids.

Il existe pourtant nombre d'inventions, plus subtiles les unes que les autres, pour favoriser l'incubation. Il nous souvient d'avoir vu, dans une exposition étran-

10.

gère, un nid pour couveuses, tout en fil de fer galvanisé. C'était très joli et très séduisant de prime abord, très bien compris théoriquement, mais contraire à tous les principes naturels. C'était une sorte de gros œuf en fil de fer galvanisé, supporté sur un trépied et distant d'environ 40 centimètres du sol; le fond de l'œuf formait nid et le dessus formait couvercle; la poule, au centre, était enfermée, fort à l'aise, mais exposée au jour de tous les côtés; de même que ses œufs, dans ce panier à claire-voie, sur un lit assez mince de paille, se trouvaient dans les meilleures conditions possibles de dessiccation, mais non pas d'incubation. Dans ce charmant nid, fabriqué par un excellent grillageur, n'ayant assurément jamais fait couver une poule, quelques œufs écloront, mais le plus grand nombre, surtout l'été, ne pourra venir à bien.

*
* *

On croit souvent, quand plusieurs poules couvent à la fois dans le même local, qu'il est indispensable de les enfermer chacune sur son nid, pour qu'elles ne se trompent pas de place en rentrant, quand elles se sont levées pour aller manger. C'est une précaution tout à fait inutile : d'abord les poules ne se trompent pas; elles se lèvent rarement plusieurs à la fois et, quand bien même l'une prendrait le nid de l'autre, il n'y aurait aucun inconvénient, les œufs s'accommoderont aussi bien de la chaleur de l'une que de la chaleur de l'autre. Le mieux est de laisser les poules libres de se lever quand elles veulent et de rester levées aussi longtemps qu'il leur plaît, pour manger, boire et se poudrer, sur un tas de sable sec et de cendre toujours à leur disposition dans la pièce d'incubation ou, en dehors, à proximité, si on les laisse sortir à l'air libre, ce qui est loin d'être mauvais. Inutile aussi, comme tant de personnes se croient obligées de le faire, de se précipiter, dès qu'une poule se lève, avec un morceau d'étoffe de laine, et de couvrir les œufs, de crainte qu'ils ne refroidissent.

A l'état de nature les œufs refroidissent bien autrement : une perdrix ne trouve pas, à proximité de son nid, une gamelle pleine d'eau et une augette remplie de grain. Il lui faut bien, pour faire son repas, parcourir de longs sillons où elle ne rencontre qu'un grain ou un vermisseau de temps en temps, et les œufs sont là, sur le sol, sans rien qui les protège pendant son absence. Ils n'en écloront pas moins bien pour avoir subi, chaque jour, le plus souvent même deux fois par jour, une période de refroidissement assez prolongée.

Ce refroidissement est d'ailleurs plus apparent que réel : la coquille peut être froide et le liquide qu'elle renferme n'a subi qu'un léger abaissement de température, et l'embryon lui-même, flottant au centre de ce liquide, n'a subi qu'un abaissement encore plus faible qui est, pour lui, un repos dans son développement.

Ramené à sa température normale, il n'aura que plus de vigueur pour continuer à croître ; c'est, dans sa formation, une sorte de sommeil succédant à la veille ; c'est la formule indispensable à tout être vivant : *nulla vita sine somno.*

Plus l'incubation s'avance, plus le refroidissement est long à se faire sentir. Au dernier moment, cependant, quand la coquille commence à se soulever sur un point, quand l'œuf est *béché*, suivant le terme consacré, la chaleur constante devient nécessaire. A ce moment, le poussin, passant de la vie végétative à la vie réelle, a un tel effort à faire pour cette transformation, qu'un abaissement de température un peu sensible le paralyse et peut, en se prolongeant, le laisser inerte dans sa coquille qu'il n'a pu briser. Il y a là une loi si naturelle que la poule l'observe, pour ainsi dire, automatiquement. Dès qu'un point de la coquille est soulevé, rien ne la ferait quitter son nid, n'eût-elle pas mangé la veille. Si on l'en retire de force, elle y retourne en toute hâte, semblant se coller encore plus énergiquement que de coutume sur ses œufs, en témoignant d'une angoisse toute particulière, si on semble vouloir la déranger dans l'accomplissement de sa mission.

Pendant cette journée critique de l'éclosion, le mieux est encore de laisser la nature opérer seule. L'instinct maternel de la poule est, en la circonstance, son meilleur guide et forme la meilleure sauvegarde des poussins. Il y a bien parfois des poules, trop nerveuses et trop impressionnables, qui s'agitent sur le nid au moindre mouvement qu'elles perçoivent sous elles et qui écrasent les poussins au sortir de la coquille; on en sauverait quelques-uns en allant, toutes les heures, visiter le nid et en retirant les nouveau-nés; mais, par contre, on risquerait, par ces visites trop fréquentes, de provoquer des accidents et le remède serait souvent pire que le mal.

Comme, en somme, ces poules maladroites sont l'exception, mieux vaut, en principe, laisser toutes les poules en général se charger du soin de l'éclosion. Regardez, surveillez, mais touchez le moins possible.

*
* *

L'éclosion terminée, le premier soin à prendre est de supprimer le nid et de mettre la poule et sa nichée directement sur le sol, hors du local d'incubation, si celui-ci est commun à d'autres poules, dans un coin seulement s'il n'y a pas d'autres couveuses. Il est important de faire disparaître l'ancien nid, car la poule ne manquerait pas d'aller s'y réinstaller et les poussins, ou du moins une partie d'entre eux, trop faibles encore pour en faire l'ascension, mourraient de froid à côté. Ils auraient beau s'épuiser en cris de détresse à quelques centimètres de leur mère, l'instinct de celle-ci n'irait pas jusqu'à la faire changer de place pour les abriter ou leur porter, en s'approchant d'eux, la chaleur à défaut de laquelle ils vont mourir.

Le sentiment maternel, chez les bêtes, concorde avec les éléments de la vie sauvage, mais il s'arrête devant ceux de la vie artificielle que nous leur imposons. Une poule se fera tuer pour protéger ses poussins contre l'attaque ou seulement la présence d'un ennemi quelconque ; elle ne fera pas un mouvement pour lui sauver la vie, en descendant tout simplement d'un nid qui n'est pas son œuvre. En raison de ce principe, l'excès de confort, l'excès de précautions est un défaut ; copier la nature, la laisser souvent agir seule est la meilleure méthode.

CHAPITRE II

LES DINDES COUVEUSES

L'*accouvage* des dindes diffère un peu de celui des poules. C'est la véritable transition entre l'incubation naturelle et l'incubation artificielle, la dinde étant employée mécaniquement, car on la fait couver quand on veut et aussi longtemps que l'on veut.

C'est à la dinde que l'on doit, non pas la découverte de la couveuse artificielle, mais la mise en pratique de la couveuse : sans elle, sans tous les ennuis qu'ils éprouvèrent à s'en servir, jamais les grands promoteurs de l'incubation artificielle, inconnue encore il y a trente ans et si répandue aujourd'hui, n'auraient construit leur première couveuse, uniquement destinée, dans leur esprit, à remplacer les dindes et à produire plus facilement et plus économiquement les poussins. Car, avec des dindes, on produisait et on produit encore des poussins à volonté.

Pour couver, la dinde n'a pas besoin, comme la poule, d'avoir terminé sa ponte. On la prend au mois de décembre, de janvier ou même de février et, suivant le terme consacré, on la *résout*. C'est plutôt elle qui se résoud à couver au bout d'un certain temps et après un certain traitement, mais, en campagne, on n'y regarde pas de si près sur l'application des mots. On entend même couramment des femmes dire : « J'ai *résout* mes dindes et je vais *accouver* la semaine prochaine. »

Donc, pour arriver à cette grande résolution qui devrait cependant demander plus de réflexion (car ce doit être terrible de se transformer ainsi en machine pendant quatre mois et de renoncer, à la fleur de l'âge, à huit ou neuf mois, à toutes les joies du printemps), on prend la poule-dinde et on l'enferme tout simplement en un local isolé et sombre, dans une caisse ou dans un panier garni de paille presque jusqu'en haut, avec un couvercle ou une planche chargée d'un pavé remplaçant le couvercle. L'espace entre la planche et le nid de paille n'est pas assez haut pour que la dinde puisse s'y tenir debout. Elle doit s'y tenir accouvée.

Quelques bonnes femmes se croient obligées, avant de les installer sur le nid, de les martyriser un peu en leur frottant la peau du ventre avec des orties et en leur faisant avaler un verre de vin sucré pour les griser. Cela est tout à fait inutile, nuisible même. La simple claustration suffit.

Chaque matin, on délivre la prisonnière pour lui permettre de manger et, au bout d'un quart d'heure, on la réintègre sous sa planche. Pendant les deux ou trois premiers jours elle se tient courbée, mais non couchée ; à la fin elle s'aplatit et commence à ne plus se lever dès qu'elle n'est plus maintenue par la pression du couvercle. C'est le moment de mettre sous elle quelques vieux œufs ou plutôt des œufs de verre qu'elle ne pourra casser. Ceci fait, il n'y a plus qu'à attendre que l'inspiration vienne.

Tant que la dinde gardera son allure sauvage, ou sautera sur sa caisse sans faire attention aux œufs, elle ne sera pas prête à couver ; mais dès qu'elle prendra des précautions pour se poser sur son nid, quand elle s'y installera, même y étant reconduite de force, en semblant craindre les mouvements brusques et en plaçant soigneusement ses pattes entre les œufs, c'est qu'elle sera disposée, qu'elle sera tout tout à fait *résoute*, et on pourra lui confier une couvée. Il n'est plus dès lors besoin de la maintenir enfermée ; elle a pris son rôle au sérieux et y met autant d'ardeur que si elle opérait pour son compte, sa ponte terminée.

Alors commence pour elle son existence mécanique. Chaque matin elle est levée pendant un quart d'heure ou vingt minutes, car, si l'on ne prenait ce soin, elle se laisserait mourir d'inanition, eût-elle eau et grain à discrétion à portée de son bec.

Au bout de trois semaines, le dernier poussin est à peine éclos, que de nouveaux œufs viennent garnir le nid. Ce sont tantôt des poussins, tantôt des canetons, tantôt des faisandeaux ou dindonneaux qui éclosent, peu importe.

Et cela dure ainsi quatre mois, parfois plus. A la fin, la dinde, anémique, tout à fait exsangue, n'a plus la chaleur suffisante ; faute d'huile sa lampe a baissé ; sa tâche est terminée.

Comme, à la campagne, on n'aime pas à entretenir les bouches inutiles, du couvoir la dinde passe au cabanon d'engraissement où, au moyen d'un enton-

noir, on lui ingurgite deux fois par jour de la pâtée
de farine d'orge et de lait. En quinze jours, elle est remise à peu près en point et termine, toujours vierge,
quoique maintes fois mère, sa carrière sur le marché
voisin.

· CHAPITRE III

COUVEUSE ARTIFICIELLE

De l'emploi de la dinde à celui de la couveuse
artificielle, il n'y avait qu'un pas à faire. La première,
pour ne pas donner autre chose qu'une température
à peu près régulière, sur une surface assez restreinte,
exigeait des soins de nourriture et de propreté assez
dispendieux ; la seconde, avec des soins équivalents,
le grain étant remplacé par de l'eau chaude ou du
pétrole, donnait une chaleur plus régulière sur une
surface bien plus étendue et restait d'une humeur
toujours égale et d'une propreté absolue. Il n'y avait
plus qu'à tirer d'elle le maximum de rendement, en
lui appliquant avec intelligence les principes si stu-
pidement pratiqués par la dinde.

On a souvent parlé des *secrets* de l'incubation artificielle : maints auteurs ont surpris les *secrets de
l'incubation*. Leur mérite est mince, car il n'y a pas le
moindre secret à saisir. Il n'y a que la copie servile
de la nature, dont le livre est grand ouvert sous les
yeux de quiconque veut bien lire et veut bien comprendre.

*
* *

Pour établir une couveuse artificielle, il fallait d'abord trouver le principe, sous une forme à la fois simple et économique, d'une production régulière de chaleur; ceci trouvé, pour faire fonctionner la machine et, en quelque sorte, l'animaliser, il n'y avait plus qu'à emprunter à la dinde sa température, son degré hygrométrique et sa manière d'être générale, en plus ses petites habitudes; la regarder faire, en un mot, et l'imiter. Puisque la dinde pouvait être transformée en machine et réussissait parfaitement ses couvées, il n'y avait pas de raison pour que la machine ne fût transformée en dinde et ne réussît de même.

Ceci posé, les instructions pour la conduite d'une couveuse artificielle sont faciles à rédiger en termes généraux : un thermomètre placé sous l'aile d'une dinde, appliqué exactement contre la peau, atteint 40° centigrades; — la bête étant seulement couchée dessus, il monte à 39°; — sur les bords du nid, sous le cou, à l'extrémité des ailes, il ne marque que 37° ou 38°. Or, par suite des mouvements que la bête fait sur son nid, soit seulement en le quittant, soit en y rentrant, les œufs ne sont pas toujours à la même place; la poule a même soin de les déranger avec son bec; ils occupent tantôt le centre du nid, tantôt la périphérie et sont, par conséquent, exposés, au cours de la couvée, à une température variant de 38 à 40°, parfois moins, mais jamais plus. D'où indication bien précise, pour une couveuse, d'atteindre

40° comme point maximum et de ne pas redouter, même au besoin de faciliter, l'abaissement à 38° et 37°. Quand la poule revient à son nid, après avoir mangé, les œufs sont presque froids. Il y a interruption régulière de l'influence calorique et l'éclosion ne s'opère pas moins au temps normal. Ceci implique la nécessité d'interrompre aussi régulièrement l'action de la couveuse en laissant chaque jour refroidir les œufs pendant un laps de temps correspondant à celui que prend la poule pour son repas et pour son exercice.

A l'état sauvage, la poule dépose ses œufs sur le sol, à l'air libre, en contact presque immédiat avec les émanations humides de la terre, conditions qu'il était facile de réunir dans une couveuse : aération complète, humidité suffisante.

Restait, pour faire une couveuse parfaite, à laquelle ces règles élémentaires fussent facilement applicables, à trouver le moyen le plus simple de maintenir, en un point quelconque, une température régulière. Le principe de la marmite norvégienne s'imposait tout naturellement : un pot-au-feu retiré du fourneau au moment de l'ébullition et placé immédiatement dans une épaisse enveloppe de feutre bien close, continue à bouillir et se maintient pendant de longues heures à une très haute température. Un récipient rempli d'eau chaude et entouré de corps isolants, mauvais conducteurs de la chaleur, feutres, déchets, ou sciure de bois, devait faire une couveuse ; que ce récipient soit rempli quotidiennement d'eau bouillante, ou que l'eau, sans être renouvelée, y soit chauffée par une petite lampe à pétrole ou à alcool, ou bien

encore par le gaz, le résultat et le principe restent
les mêmes.

** **

Voici donc une couveuse construite pour remplacer en tous points la couveuse naturelle ; pour donner
aux œufs une température régulière, tout en permettant de les maintenir, sous le rapport de l'aération, de l'humidité, des alternatives de chaleur et de
refroidissement, dans des conditions absolument
identiques à celles que leur donnerait une poule
couvant en toute liberté. On ne peut dire que ce soit
une machine animée, mais c'est une machine que
l'intelligence et le tact de celui qui l'emploie peuvent
animer, et le mot n'est pas trop fort, puisque, sous
son impulsion, elle donne la vie.

En disant intelligence et tact, cela ne signifie pas
qu'il faille être d'une finesse et d'un esprit exceptionnels, pour bien conduire une couveuse ; le mot
est pris par opposition à la chose inerte qu'est une
caisse, même de fabrication compliquée. N'importe
qui peut faire éclore des poussins avec la moindre
attention et surtout avec l'envie de bien faire et de
réussir. Il n'y a qu'à se conformer aux grands principes que nous venons de déduire de l'examen de l'incubation naturelle. Restent les points de détail et de
service technique pour la mise en marche de la couveuse, son chauffage, la réglementation de la température, la disposition des œufs à l'intérieur, et quantité de menus soins qui ont bien leur importance, qui
semblent d'une complication inouïe de prime abord

et qui ne sont rien quand on a l'habitude de les pratiquer.

Ce sont tous ces détails que nous allons exposer le plus sommairement et le plus clairement possible.

CHAPITRE IV

DESCRIPTION ET MISE EN MARCHE DES COUVEUSES

Trois systèmes principaux de chauffage des couveuses se trouvent en présence : le renouvellement d'eau, ou substitution d'une certaine quantité d'eau bouillante à une égale quantité d'eau refroidie, pour entretenir la masse à une température moyenne; — l'entretien de la masse d'eau à température égale par thermosiphon à lampe ou à briquettes; — enfin, chauffage direct de l'air, au moyen d'une lampe. Les deux premiers sont incontestablement les plus simples, les plus économiques et les meilleurs.

Étant donné qu'aujourd'hui, dans presque toutes les maisons, dans toutes les fermes sans exception, on possède des fourneaux, des lessiveuses et des chaudières fournissant de l'eau chaude à volonté, pour les besoins du ménage ou pour le service des animaux, l'entretien d'une couveuse à renouvellement d'eau est de nulle dépense et se fait sans peine avec la plus grande facilité.

Prenons pour type de démonstration une couveuse moyenne, pour cent œufs, caisse presque cubique, en bois, close sur le dessus par deux châssis vitrés superposés, permettant de voir très facilement tout l'intérieur. La caisse contient un réservoir cylindrique en métal, à double paroi, de 38 centimètres de hauteur, sur 11 centimètres d'épaisseur. Ce réservoir est entouré sur trois faces, le dessous, le dessus et la face externe, d'une épaisse couche de sciure de bois très comprimée ; sa face interne est visible et laisse échapper les rayons caloriques qui forment la chambre chaude de la couveuse. Ce réservoir communique avec l'extérieur par un robinet placé à sa base, servant à extraire l'eau ; par un tuyau, au sommet, servant à l'introduction de l'eau, et par un petit tuyau, à côté du précédent, déversant le trop-plein.

Le réservoir ne reposant pas directement sur le fond de la caisse, mais sur un cercle de bois de 10 centimètres de hauteur, il reste ainsi un espace non chauffé latéralement, qui sert de nid et dans lequel sont placés les œufs, pour se trouver exactement dans les mêmes conditions que sous la poule, avec la chaleur au-dessus et sans aucune action calorique ni en dessous, ni sur les côtés. Deux petits tubes d'un centimètre de diamètre traversent le fond de bois et aboutissent à la hauteur du milieu environ du réservoir. Ils sont destinés à puiser de l'air pur sous la couveuse pour remplacer celui de la chambre chaude que la respiration des embryons se développant dans les œufs aurait pu vicier. Pour faciliter à ces tuyaux l'adduction de l'air froid, un tube de même diamètre est placé sur le dessus de la couveuse, à côté du châssis vitré — une bague de cuivre en indique l'issue. L'air chaud, plus léger que l'air froid, tendant toujours à s'élever, s'échappe, mais en petite quantité, par cette issue ménagée au point le plus élevé et, comme il ne peut pas ne pas être immédiatement remplacé, ce sont alors les tubes du bas qui fonctionnent. D'où circulation constante d'air et maintien, à l'état de pureté absolue, de l'atmosphère de la chambre chaude, sans courant d'air toutefois, la circulation s'opérant en un plan supérieur à celui où reposent les œufs.

La chaleur et l'aération résultant de la construction même de la couveuse, il reste à pourvoir à l'humidité dont la distribution réside dans les soins d'entretien : l'espace libre au-dessous du réservoir ayant 10 centimètres de hauteur, on garnit le fond de bois d'une couche de sable humide, sable de rivière ou de carrière, peu importe, de 3 à 4 centimètres d'épaisseur. La quantité d'eau à mettre, pour rendre ce sable humide, est sans importance ; si elle est en excès elle s'écoule par les nombreux petits trous percés à cet effet dans le fond de bois ; autrement, elle ne s'évapore que très lentement, la chaleur étant toujours régulière et peu intense. L'air de la chambre chaude se trouve ainsi toujours saturé d'humidité.

Sur ce sable, une couche d'un centimètre environ de paille hachée fera le nid sur lequel reposeront les œufs. A défaut de paille hachée, de petites caisses triangulaires, formées d'une planchette très mince et d'un entourage en métal, dites casiers tourne-œufs, feront le nid. La couveuse étant circulaire, quatre de ces casiers forment le cercle complet. Ils ont, sur le nid de paille hachée, l'avantage de servir à extraire les œufs de la couveuse, de permettre de les retourner d'un seul mouvement, bref, ils constituent un perfectionnement.

11.

* *

Voici donc connues toutes les parties de la couveuse. Il s'agit maintenant de la mettre en action : choisir d'abord, pour l'installer, une pièce à température aussi régulière que possible, où il ne fasse pas très chaud, le jour, sous l'influence du soleil, et très frais la nuit; une pièce qui ne soit pas trop exposée aux trépidations vives de la rue, par exemple, ou d'un moteur quelconque, ou aux bruits violents d'une usine ou d'une forge. Placer la couveuse sur deux tréteaux de 35 centimètres de hauteur environ, pour que l'air circule librement dessous, garnir le fond de sable, comme il vient d'être dit plus haut et commencer à chauffer.

Le réservoir tient environ 60 litres d'eau ; la température à obtenir, dans la chambre chaude, devant être de 40°, il faudra que l'eau contenue dans le réservoir soit à une température moyenne de 50°. Un mélange de moitié eau froide et moitié eau bouillante donnera cette température. Il n'y a donc qu'à introduire successivement dans le réservoir, au moyen d'un entonnoir, un broc d'eau froide et un broc d'eau bouillante jusqu'à parfait remplissage. Il est important de commencer par l'eau froide : l'eau bouillante sur le zinc non encore chauffé produirait une dilatation trop brusque du métal et pourrait faire craquer les soudures; d'où fuites et ennuis multiples. Il serait aussi simple de remplir le tout avec de l'eau à 50° environ, ce qui n'a aucun inconvénient pour le métal.

Au bout de deux ou trois heures, le thermomètre
placé dans la couveuse dira si la température est à
son point. Pour se rendre compte séance tenante, et
sans thermomètre, si l'on est bien au degré voulu, il
suffit d'appliquer le dos de la main sur la paroi interne
du réservoir : si on ne peut l'y laisser sans une sensation de brûlure, l'eau est trop chaude ; si on l'y maintient trop librement, elle est trop froide. Le point
juste est celui où la main reste sans se brûler, mais
où l'on sent cependant qu'il n'en faudrait pas davantage pour ne pas l'y maintenir. Une fois ce petit
phénomène physique bien établi, on pourrait non
seulement mettre sa machine en marche, mais la
conduire sans thermomètre pendant tout le cours
de la couvée.

*
* *

Tout aussitôt que la température de l'étuve arrive
à 40° centigrades, le moment est venu d'installer
les œufs. Il est tout à fait inutile de chauffer la
couveuse vide pendant deux ou trois jours, pour
s'assurer de la régularité de son fonctionnement,
car la démonstration, dans ce cas, serait fausse ;
vide, la couveuse subit une déperdition de chaleur de 7 à 8° en douze heures ; remplie d'œufs,
la déperdition n'est plus que de 2 ou 3° à peine
et cette légère variation de température est nécessaire, indispensable même à la bonne marche de
l'incubation. D'où inutilité complète, pour une
bonne couveuse, des régulateurs de chaleur, automatiques ou non, instruments toujours délicats, fragiles,

d'un fonctionnement capricieux et d'un prix élevé. Une couveuse qui, pendant vingt et un jours, arriverait, grâce à un régulateur perfectionné, à maintenir constante sa température à un dixième de degré près, ne vaudra pas, quant au résultat, celle qui aura eu, toutes les douze heures, des écarts de 2 ou 3°. La nature n'est pas aussi exigeante et n'a pas entendu transformer les perdrix qui couvent dans les champs, non plus que les oiseaux qui nichent dans les bois, en instruments de laboratoire.

Il est élémentaire que les œufs, pour être mis dans la couveuse, doivent être propres; toute tache sur la coquille est une obstruction des pores nuisible à la respiration de l'embryon qui, au fur et à mesure qu'il se forme et se développe, a besoin d'air. De plus, une tache peut empêcher le mirage, opération fort importante à laquelle nous nous arrêterons un peu plus tard. Cela ne signifie pas qu'il soit indispensable de laver tous les œufs avant de les mettre en incubation, tous ceux qui sont très propres, qui n'ont pas été en contact avec des poussières, de la paille hachée, du son, ou de la sciure d'emballage, n'ont pas besoin d'être lavés et sont même mieux à passer dans la couveuse tels qu'ils ont été trouvés aux nids des pondeuses.

Pour laver tous les autres, les tremper simplement, au moyen d'un panier à claire-voie en osier ou en fil de fer, dans l'eau à 30 ou 35° en plongeant, à plusieurs reprises le panier dans l'eau ; les essuyer ensuite légèrement, l'un après l'autre, en évitant de les trop secouer.

Placer aussitôt les œufs sur le lit de paille du fond de la couveuse ou dans les casiers tourne-œufs, en laissant entre chacun le moins d'intervalle possible.

Quand on tient à avoir de nombreuses couvées ou quand on suppose que beaucoup d'œufs seront clairs, c'est-à-dire non fécondés, comme cela se produit souvent à la suite des périodes de neige ou au moment de la mue, on peut, une fois le fond de la couveuse garni, mettre une dizaine d'œufs en deuxième rang, sur les autres, aussi bien dans les casiers que sur la paille, pour, cinq jours plus tard, au mirage, combler les vides. Une fois les œufs clairs retirés, la couveuse reste ainsi exactement pleine.

Par contre, il n'est nullement nécessaire de remplir la couveuse ; elle fonctionnera tout aussi bien avec un vingtaine d'œufs qu'avec cent. Rien n'empêche, non plus, d'y mettre chaque jour ou chaque semaine, une petite quantité d'œufs, même d'espèce différente. La température devant être la même, depuis le commencement jusqu'à la fin de l'incubation, aussi bien pour les poules que pour les canards, les oies, les dindons, les faisans et les perdrix, on peut, sans le moindre inconvénient, mettre successivement dans la couveuse des œufs de toutes ces espèces ; chacun éclora en son temps et à tour de rôle.

Il est même fort intéressant, au mois de juin,

au moment de la coupe des foins, de toujours
laisser une place libre dans la couveuse, pour le cas
où les faucheurs trouveraient un nid de perdrix qui
serait infailliblement perdu dans les champs : apportés dans la couveuse, tous les œufs éclosent
sans exception et c'est une compagnie de plus assurée pour la chasse prochaine. Les petits éclos, on
les retire de la couveuse et les œufs de poules ou
de canes, qui ne sont pas à terme, n'en continueront
pas moins leur incubation.

.*.

L'introduction dans la couveuse de la masse froide
que représentent cent œufs ne peut manquer d'abais-
ser sensiblement la température : pendant cinq ou
six heures le thermomètre descendra de 10 à 15°,
pour reprendre ensuite son point normal. En supposant l'installation des œufs faite dans la matinée, on ne s'occupera de rien jusqu'à six heures du
soir environ. A ce moment, on tirera par le robinet
du bas une douzaine de litres d'eau, plus ou moins
suivant la température ambiante, et on les remplacera par autant d'eau bouillante. Il est urgent que
l'eau de remplacement soit bien bouillante, sinon
il en faut une bien plus grande quantité et il devient assez difficile d'apprécier quelle doit être cette
quantité. A ce moment, les châssis de la couveuse
seront ouverts pendant quelques minutes, afin d'accentuer encore l'abaissement du thermomètre que
l'addition d'eau bouillante ferait, sans cela, remonter trop vivement. Inutile, à cette première séance,

de retourner les œufs apportés quelques heures seulement auparavant.

Déjà, dans la soirée et pendant la nuit, la température a dû remonter à 40° ou à peu près, pour,
le lendemain matin, être redescendue à 37 ou 38°.
C'est là que commencent les soins réguliers à donner à la couveuse le matin et le soir, à peu près
à la même heure, sans pourtant s'astreindre à une
régularité tellement absolue qu'elle devienne un es-
clavage.

*
* *

Pour bien conduire la couvée, sans se donner de
peine, sans préoccupations et surtout sans appré-
hension du résultat final, il n'y a qu'à bien se con-
vaincre de ce principe que la température normale
d'incubation est 40°; que celle-ci peut s'élever
momentanément de 2, 3 même 4° sans inconvénient, parce qu'il s'écoule un laps de temps assez
long avant que la température de l'étuve n'ait pé-
nétré à l'intérieur de l'œuf et que, si le thermomètre est resté trois heures à 42°, l'embryon n'a peut-
être pas ressenti 40,5 pendant une demi-heure;
ensuite, que l'abaissement de température, à moins
d'être prolongé pendant plusieurs jours, est sans
importance, surtout s'il ne descend pas au-dessous
de 36°.

Ceci dit, procédons avec méthode aux soins jour-
naliers.

CHAPITRE V

CONDUITE DE LA COUVEUSE

En éntrant, le matin, dans le couvoir, constatons, à travers les vitres, le degré du thermomètre. Est-il à 37° ou à 38°, tirons, par le robinet, la même quantité d'eau que la veille et, s'il n'y a pas d'eau chaude à la buanderie, mettons l'eau que nous venons d'extraire sur le feu. Comme elle est déjà très chaude, elle viendra vite à l'ébullition. Pendant que l'eau chauffe, nous ouvrons les châssis de la couveuse et nous retournons les œufs. Cette opération un peu longue, s'il faut se pencher sur la couveuse pour prendre chaque œuf à la main, est des plus simplifiée avec les casiers tourne-œufs, dont l'usage est d'ailleurs tellement généralisé maintenant, qu'il semblerait difficile de s'en passer.

Le châssis ouvert, on extrait successivement tous les casiers de la couveuse, on les place sur le bord et on referme aussitôt le châssis pour éviter un abaissement trop considérable de la température de l'étuve. A ce moment, si l'on met la main sur les œufs, on sent une chaleur assez intense représentant d'ailleurs environ 38°.

Combien de temps les œufs doivent-ils ainsi rester,

à l'air libre? Cela est bien difficile à préciser, en minutes, car il convient à la fois de tenir compte de la température ambiante et du point où se trouve l'incubation. Tant que l'embryon n'est pas formé le refroidissement s'opère assez rapidement; plus il grandit et se développe, plus il a de chaleur propre et plus celle-ci se maintient à l'air libre. Il n'y a cependant, pour ces diverses phases, qu'une différence de quelques minutes, mais il est fort important d'y prendre garde.

Le refroidissement se règle par le tact et non par la pendule, car il peut varier de dix à vingt minutes et même plus. Il est suffisant quand, en posant sur les œufs le revers de la main on ne perçoit plus de sensation de chaleur, sans toutefois sentir la moindre sensation de froid. Le point juste est ainsi très facile à trouver et, pour quiconque a renouvelé deux ou trois fois l'expérience, l'hésitation n'est plus permise; c'est alors le moment de retourner les œufs.

On prend, pour cela, le casier vide disponible et on l'applique, comme un couvercle, sur le premier casier plein, à proximité. On forme ainsi une sorte de boîte que l'on saisit entre les deux mains, en faisant, sur le couvercle, au moyen des pouces, une légère pression et on la tient horizontalement devant soi, la pointe dirigée vers la poitrine; puis, par un mouvement de bascule, on abaisse la pointe jusqu'au demi-tour complet, amenant ainsi les pouces en dessous et les doigts au-dessus. Le casier qui contenait les œufs devient ainsi couvercle et se trouve libre à son tour, pour être appliqué sur le second et ainsi de suite.

L'opération se fait en beaucoup moins de temps qu'il n'en faut pour la décrire. Aussitôt qu'elle est terminée, on replace les casiers dans la couveuse non sans avoir vérifié si le sable du fond était suffisamment humide. On replace le thermomètre, la base entre les œufs (non dessus), le haut appuyé au réservoir, dans un angle de 45° environ, de façon que la colonne de mercure soit facilement perceptible à distance, et on referme les deux châssis que l'on recouvre même d'une petite couverture pour empêcher la lumière trop vive, et mieux encore concentrer la chaleur, en ayant soin de ne pas couvrir la petite prise d'air placée près du châssis vitré. Il n'y a plus qu'à remplir d'eau bouillante le réservoir et tout est réglé jusqu'au soir.

Quand on débute et qu'on n'est pas encore bien sûr de soi, on peut, au bout de deux heures, venir vérifier le thermomètre. Si, par hasard, il était monté à 41° il n'y aurait qu'à ouvrir les châssis pendant une dizaine de minutes. Si, par suite d'une erreur dans le changement de l'eau, il était monté à 43° ou même plus, il n'y aurait qu'à ouvrir un peu plus longtemps et à ne remettre qu'un seul châssis au lieu des deux; la température se maintiendra ainsi au point voulu. Il ne faut surtout pas s'effrayer des écarts de thermomètre qui peuvent se produire et qu'il est toujours facile de réglementer.

Toutes les douze heures, ou plutôt matin et soir, car l'exactitude absolue, toujours bonne en principe, n'a pas la moindre importance, la même opération se renouvelle exactement dans les mêmes conditions pendant vingt et un jours.

*
* *

Le cinquième jour, il convient de procéder à l'opération du *mirage*. On pourrait, étant très expert, opérer le quatrième jour, même le troisième, mais alors l'examen devient très minutieux, le résultat est parfois douteux et il est bien préférable d'attendre jusqu'au cinquième jour. Tout concourt, à ce moment, à faciliter l'opération, et les œufs reconnus non fécondés sont encore bons pour la consommation, surtout s'ils ont été mis très frais dans la couveuse. Dire que ces œufs sont excellents à la coque serait exagéré, mais en omelette et surtout employés en pâtisserie, ils valent ceux que l'on trouve ordinairement aux Halles.

Pour mirer, on procède le soir et, ce soir-là, on ne retourne pas les œufs, puisqu'ils vont se trouver suffisamment remués. On installe sur la couveuse une bougie ou, de préférence, une lampe sans abat-jour et, aussitôt les casiers extraits de la couveuse, on passe les œufs à l'ovoscope. Pour un professionnel, le mirage peut tout aussi bien se faire à la main, mais l'ovoscope est un petit instrument tellement simple et peu coûteux, qu'il est bien préférable de l'employer, même si l'on est suffisamment expérimenté pour pouvoir au besoin s'en passer.

C'est une sorte d'écran au centre duquel se trouve un coquetier à base cannelée, supporté par un pivot. Au-dessus du coquetier : une ouverture entourée d'une bande de drap noir, prenant exactement la forme de l'œuf, qu'il soit gros ou petit, rond ou pointu, et adhérant à la coquille de façon à ne pas laisser passer le moindre rayon lumineux ; — l'écran peint, au verso, en blanc pour refléter la lumière sur les côtés de l'œuf ; au recto, en noir pour dissimuler la lumière à l'œil de l'opérateur. De sorte qu'en approchant l'ovoscope de la lampe, tous les rayons lumineux se trouvent concentrés sur l'œuf et celui-ci devient tout à fait transparent. On le voit intérieurement comme s'il n'avait pas de coquille. Tout en tenant le manche de l'ovoscope, on peut, avec le pouce, faire tourner le coquetier sur son pivot de façon à amener successivement tous les points en pleine lumière. Pour placer l'œuf dans le coquetier, l'examiner et le retirer, il ne faut que quelques secondes.

Si l'œuf est fécondé on perçoit très nettement, flottant au centre, comme une sorte d'araignée rouge, dont le corps est l'embryon du poussin et dont les pattes sont les vaisseaux sanguins qui vont petit à petit s'étendre et remplir l'œuf.

Si l'œuf est clair ou non fécondé on n'y voit absolument rien, qu'une légère ombre flottant au centre : c'est le jaune. Parfois on voit un petit point noirâtre, parfois un grand rond rouge, parfois l'araignée toute petite, presque sans pattes : c'est ce que l'on appelle communément des faux germes. Ce sont des embryons incomplets, n'ayant pas une vitalité suffisante pour se développer et qui sont morts épuisés après deux ou trois jours de formation.

Pour faciliter le mirage, il convient d'observer ce principe que l'embryon flottant dans la masse liquide de l'œuf est toujours attiré par la chaleur et que, par conséquent, il se trouve rapproché du point où la coquille est le plus chauffée. Or, la chaleur venant du haut, c'est sur le dessus que se trouve l'embryon. En prenant l'œuf sans le déranger et en le posant de même dans le coquetier, le germe se place immédiatement devant l'œil de l'opérateur, sans qu'il soit besoin de faire mouvoir l'ovoscope d'un glissement du pouce et l'opération se fait ainsi avec la plus grande rapidité.

En l'espace des quelques jours suivants, les vaisseaux sanguins se développent et s'allongent au point de tapisser toute la surface de la coquille et de ne former qu'un tout compact qui rend l'embryon de moins en moins perceptible au mirage. A partir du quinzième jour, on ne distingue plus qu'une masse opaque, toute noire, avec une partie très transparente au sommet, du côté du gros bout : c'est la chambre à air qui se fait de plus en plus grande, au fur et à mesure que les liquides diminuent et qui finit par occuper à peu près un cinquième de l'œuf au dernier moment.

*
* *

Le mirage fini, il n'y a qu'à continuer les soins comme précédemment avec même température, même durée de refroidissement, même humidité du sable, jusqu'au vingt et unième jour, en tenant compte surtout de ce principe fondamental de l'incubation déjà énoncé plus haut, que la régularité absolue de température est loin d'être indispensable ; que le point de 40° est celui qui convient le mieux à l'incubation de tous les œufs; qu'il y a moins d'inconvénient à ne pas y arriver qu'à le dépasser et que l'idéal est de l'atteindre et de le maintenir pendant quelques heures par jour, pour, le reste du temps, rester au-dessous.

A ce propos, parlons un peu du thermomètre dont le rôle a une importance capitale.

*
* *

Les thermomètres destinés à l'incubation sont généralement d'une fabrication spéciale et très soignée. Tous, avant d'être mis en circulation, ont été contrôlés avec des étalons spéciaux et la plupart ont déjà fait, concurremment avec un plus ancien, une ou deux couvées dans les couvoirs industriels. Malgré toutes ces précautions il arrive souvent qu'un thermomètre a besoin d'être vérifié, surtout après un voyage. Si les transporteurs de tout ordre n'ont pu parvenir à le briser, ils arrivent parfois, à force de cahots, de chutes et de chocs successifs, à désagréger sa colonne de mercure, et, si l'on n'y prend garde à l'arrivée, les indications du thermomètre sont erronées. Il arrive ainsi souvent que la colonne de mercure se fractionne en deux ou trois sections, avec un intervalle d'un demi degré entre chacune, ou bien une toute petite partie de colonne va se loger tout en haut du tube et c'est à peine si l'on s'en aperçoit; ce n'en est pas moins l'équivalent d'un degré qui fait défaut et le thermomètre marque 39° quand la température est effectivement de 40°. Il est très facile de remédier à ce petit inconvénient que les expéditeurs, en dépit de tous leurs soins, ne peuvent éviter.

Quand on reçoit un thermomètre, le présenter devant soi, tenu sur les deux mains, horizontalement; puis, en baissant alternativement la main droite et la main gauche, faites circuler la colonne de mercure, dans toute la longueur du tube, pour voir s'il n'y a pas de solution de continuité et si elle rentre de même dans la cuvette. Si une partie de mercure reste isolée dans le tube, saisir le thermomètre de la main droite, par le haut, et le secouer fortement de haut en bas, le bras tendu, comme on donnerait un coup de cravache, jusqu'à ce que la parcelle de mercure ait rejoint la colonne et ait refait fusion complète avec elle. Deux ou trois secousses bien nettes suffisent généralement à tout remettre en ordre.

CHAPITRE VI

DE L'ÉCLOSION

Le vingt et unième jour, en sortant les œufs de la couveuse, on constate, sur quelques-uns, un petit éclat à peine perceptible : c'est le commencement de l'éclosion. — Suivant le terme consacré, l'œuf est *béché*. Ce jour-là, il n'y a pas lieu de retourner les œufs avec le casier, ni de les laisser longtemps refroidir. Il est mieux de les retourner successivement à la main et, s'il y a un point *béché*, le mettre en dessus et, aussitôt la vérification faite, les rentrer.

Malgré toute l'impatience que l'on peut avoir de voir sortir les poussins, se bien garder d'y toucher jusqu'au soir; laisser la nature opérer seule. On peut bien satisfaire un peu sa curiosité en examinant ce qui se passe à travers les châssis vitrés. Ce travail de l'éclosion est des plus intéressants et c'est vraiment un spectacle dont il serait regrettable de se priver — mais regardez seulement — n'y touchez pas.

Le soir, même opération que le matin, pour placer le point béché en dessus, mais avec encore plus de rapidité, afin d'éviter le refroidissement, car l'éclosion est alors en pleine activité et un abaisse-

ment trop prolongé de température arrêterait son
élan. Déjà quelques poussins sont sortis de la coquille, mais ils sont encore tout humides, à peu
près inertes, allongés comme morts. Ils peuvent encore rester douze heures dans la couveuse. — Tous
les point bêchés se sont agrandis ; la plupart des
œufs sont ouverts par le milieu et de vagues sou-
bresauts les agitent successivement. De l'un s'échappe
une tête se balançant, toute mouillée, dans le vide ;
de l'autre une patte, une aile ; tel autre qui semblait
inerte, se divise tout à coup en deux parties, sous un
effort, et, comme d'une boîte à surprise, le poussin
sort, anéanti, épuisé par son premier coup de force.
Demain matin la couveuse sera toute grouillante et
présentera un peu l'aspect d'un champ de bataille :
des vivants, titubant plutôt qu'ils ne marchent :
des blessés ou semblant tels, ceux qui viennent de
voir le jour : quelques morts : mais rares, ceux qui,
provenant de parents malingres ou chétifs, n'ont pas
eu la force d'accomplir ce dernier acte de leur formation ; des débris, des épaves, des coquilles vides,
sanguinolentes. C'est le moment de mettre un peu
d'ordre dans tout ce désarroi.

On ramasse tous les poussins dont le duvet est
sec ou à peu près, et on les met dans la *sécheuse* que
l'on a préalablement chauffée. On enlève vivement
toutes les coquilles et on ne laisse dans la couveuse
que les nouveau-nés encore tout humides, et les
œufs bêchés.

Le soir, même opération, la dernière, cette fois,
car tous les œufs qui, à ce moment, sont encore in-
tacts n'écloront bien probablement pas. Dès le len-

12

demain on pourra nettoyer la couveuse, changer le sable du fond, et, aussitôt, commencer une nouvelle couvée, tout en s'occupant des nouveaux hôtes de la sécheuse qui, pour cette première journée réclament des soins minutieux.

Cependant, avant de nous occuper de la sécheuse, il nous semble utile de remonter quelque peu en arrière et de revenir à la couveuse.

CHAPITRE VII

Nous avons dit, au début, que la température de la couveuse pouvait être entretenue indistinctement par renouvellement d'eau ou par un thermo-siphon à lampe, et c'est le système à renouvellement d'eau que nous avons choisi pour notre première démonstration. Les résultats obtenus avec les deux systèmes étant identiquement les mêmes, il convient, avant de passer aux soins qui doivent succéder à l'éclosion, de préciser tous les points principaux du deuxième mode de la conduite de la couveuse, c'est-à-dire du chauffage par thermo-siphon. Nous n'aurons à nous occuper que du chauffage proprement dit, car la pratique de l'incubation ne subit aucune modification, quant aux soins à donner aux œufs.

Par ce système, au lieu de faire chauffer l'eau dans une buanderie ou sur un fourneau, on la réchauffe à même le réservoir de la couveuse au moyen d'une lampe.

Le thermo-siphon est une sorte de casserole en métal à double paroi, communiquant par deux tuyaux avec le réservoir à eau de la couveuse. L'eau qui se trouve dans cette casserole sous laquelle est immédiatement placé le verre de la lampe, se chauffe comme si elle était sur un réchaud ordinaire. L'eau chaude étant plus légère que l'eau froide se place d'elle-même, au fur et à mesure qu'elle s'échauffe, au sommet du récipient et, cherchant à monter toujours, elle se présente forcément à la seule issue qu'elle trouve libre et suit le cours du tuyau supérieur qui la reconduit dans le réservoir. La place vide qu'elle a laissée dans la casserole, en s'enfuyant, est aussitôt prise par l'eau froide et par conséquent plus lourde, qui trouve accès par le tuyau du bas. Il s'établit ainsi une circulation régulière et constante, formant un mouvement de rotation, par suite duquel la totalité de l'eau du réservoir vient passer au-dessus de la lampe et s'y réchauffer. De sorte que, la flamme de la lampe étant toujours la même, la température de l'eau reste constante et régulière.

Le thermo-siphon, appareil distinct de la couveuse, s'adapte à celle-ci au moyen de raccords. La plupart des raccords ne se composent que d'une simple bague en cuivre avec pas de vis à l'intérieur; d'autres, en plus de cette bague, possèdent un robinet d'arrêt. L'utilité de ce robinet n'est que secondaire et ne se manifeste que dans le cas où, pour une raison ou pour une autre, on voudrait supprimer la lampe et conduire la couveuse avec renouvellement d'eau chaude matin et soir. Si donc il existe aux raccords des robinets d'arrêt, le premier soin, après avoir serré les pas de vis, est d'ouvrir ces robinets, c'est-à-dire de placer la clef en long, dans le sens des tuyaux. En maintenant les robinets fermés, une fois la lampe allumée, on s'exposerait à mener l'eau à l'ébullition

dans le thermo-siphon, sans que celle-ci puisse s'é-
chapper dans le réservoir, et à le faire éclater ou tout
au moins dessouder par la pression de la vapeur.

*
* *

Le thermo-siphon étant vissé et les robinets étant
ouverts, on emplit d'eau, par le tuyau de droite, le
réservoir de la couveuse. Si l'on a de l'eau chaude
à sa disposition il est préférable d'employer, pour
ce remplissage, de l'eau à 50° ou moitié eau froide et
moitié eau bouillante. Cela évite d'attendre quarante-
huit heures qu'il faudrait à la petite lampe pour
chauffer toute cette masse d'eau et l'on obtient immédiatement la température de 40° dans l'étuve.

La partie la plus délicate de la conduite consiste
dans la manière de *faire* la lampe. Il est essentiel
que la mèche soit coupée excessivement ronde, et
que le brûleur soit tenu très propre à l'intérieur et
à l'extérieur. Pour tenir bien ronde une mèche de
lampe à pétrole, il ne faut pas la couper avec des
ciseaux, mais brosser seulement la partie carbonisée,
soit avec une petite brosse, soit avec un chiffon. Ces
soins de propreté étant observés, comme on doit du
reste le faire pour toute lampe d'appartement, il
importe encore, chaque matin, au moment où on
allume la lampe, après l'avoir *faite*, de tenir la mèche
très basse. Toute lampe à pétrole tend toujours à
monter peu de temps après avoir été allumée, surtout
dans un thermo-siphon où la chaleur ambiante rend
le pétrole plus combustible. Quinze ou vingt minutes
après que la lampe a été allumée, tout est suffisam-

ment échauffé pour que la flamme ait atteint son niveau normal et qu'il n'y ait plus à redouter qu'elle ne file. La flamme étant à hauteur moyenne d'éclairage, comme on la tiendrait dans un appartement, il n'y a plus à s'en occuper pendant douze heures.

Le bec de lampe étant proportionné à la capacité du réservoir de la couveuse, il n'y a jamais à craindre ni défaut, ni excès de chaleur, et la température de la couveuse se maintient aussi régulière qu'avec les régulateurs automatiques les plus sensibles et les plus perfectionnés.

La lampe chauffant sans interruption, on serait tenté de croire que la température de l'eau doit finir à la longue par s'élever. Cela se produirait évidemment s'il n'y avait des causes régulières de déperdition de chaleur, mais l'ouverture de la couveuse, matin et soir, pour les soins à donner aux œufs, établit la compensation. On est donc sûr que l'excès de chaleur, qui pourrait être produit par la poussée constante de la lampe, ne sert qu'à réparer la perte faite toutes les douze heures, par l'aération bi-quotidienne et, quand la température est bien réglée dès le début, on pourrait aller jusqu'à la fin de la couvée sans consulter le thermomètre. Cependant celui-ci est toujours là sous les yeux et si, par hasard, on constatait qu'il a tendance à baisser ou à monter, il n'y aurait qu'à modifier la flamme de la lampe dans le sens inverse ou encore à baisser ou à hausser le plateau qui supporte la lampe, de façon à éloigner ou à rapprocher du thermo-siphon le sommet du verre et à produire ainsi plus ou moins de chaleur.

On peut encore, pour les personnes qui redoutent

de laisser brûler une lampe hors de leur présence, se servir d'une lampe de très gros calibre que l'on n'allume que deux ou trois heures matin et soir et qui fait exactement le même office qu'une addition d'eau bouillante.

Quand on dispose du gaz ou de l'acétylène, un bec de gaz amené sous le thermo-siphon, au moyen d'un tuyau de caoutchouc, remplace les lampes avec avantage et peut encore mieux, soit réchauffer promptement avec une forte flamme, soit entretenir avec une veilleuse. Enfin les nouvelles lampes à alcool peuvent remplir le même office.

Dans ces conditions, le chauffage ou plutôt l'entretien d'une couveuse ne présente pour personne aucune difficulté. Dans les maisons où l'eau chaude est en permanence, et, pour des raisons multiples, celles-ci sont nombreuses, le système à renouvellement d'eau présente à la fois économie et simplicité de service. Là où existe le gaz, c'est l'idéal et la suppression de toute main-d'œuvre. Et avec des lampes de toutes natures, ce n'est pas un soin plus compliqué que celui de pourvoir à l'éclairage de l'appartement.

CHAPITRE VIII

Le séjour dans la sécheuse est le point de transition entre la couveuse et la mère; c'est en quelque sorte le stage à la crèche précédant l'admission à l'école maternelle. Au sortir de la coquille les poussins ont bien des pattes et un bec parfaitement constitués, mais ceux-ci sont encore si tendres et si faibles qu'ils sont impropres à tout service. Il ne leur faut, pour un bon moment, que de la chaleur et du temps pour s'affermir : c'est le passage de la vie embryonnaire à la vie active. Il sera de courte durée, vingt-quatre ou quarante-huit heures au plus, mais bien qu'il ne se traduise par aucun acte spécial, il n'en a pas moins une très grande importance et nécessite, de la part de l'éleveur, la plus vive sollicitude.

Pour n'omettre aucun des soins nécessaires, remontons à la disposition même de la sécheuse : une simple caisse de forme rectangulaire au fond de laquelle est un réservoir à eau chaude pouvant contenir 6 à 10 litres. Ce récipient, garni en dessous et sur les côtés d'une épaisse couche de sciure de bois est à découvert sur le dessus. C'est là que les poussins trouveront la chaleur. Une fois rempli d'eau bouillante, le réservoir se maintient chaud pendant vingt-quatre heures.

Dans la sécheuse, il n'y a ni thermomètre, ni mode de réglementation de la température. Sur le métal on étend une couche de sable de 5 centimètres d'épaisseur, qui a pour but de concentrer d'abord la chaleur à l'intérieur et ensuite de la rendre douce et modérée pour les poussins qui vont être couchés dessus. Ce sable a aussi le grand avantage, autrement qu'une étoffe ou même du petit foin ou de la menue paille, de rester propre et de ne pas prendre l'humidité. Il se change d'ailleurs très facilement et ne coûte rien.

Les poussins, une fois installés dans la caisse, sont recouverts d'un léger édredon supporté par de petits crochets fixés sur le côté par une petite attache et reposant ainsi seulement sur leur dos, sans appuyer de tout son poids; ils se trouvent là dans une température d'environ 35°. Suivant qu'il fait plus ou moins chaud et qu'ils sont plus ou moins nombreux, on tend ou on desserre les attaches de l'édredon qui, suivant le degré de tension, laisse passer l'air ou concentre la chaleur.

*
* *

Pendant les vingt-quatre ou trente heures qui suivent l'éclosion les poussins n'ont besoin d'aucune nourriture; ils ont à digérer tout le jaune de l'œuf résorbé au dernier moment et qui se trouve encore presque entier dans leurs intestins. Il est facile de se rendre compte du fait par l'autopsie ou, par un procédé moins scientifique et plus rapide, en prenant un poussin qui vient d'éclore et mort pour une cause quelconque, et en le jetant violemment sur un mur : le jaune s'étale et fait tache, comme si on avait lancé un œuf.

Le premier acte de la vie du poussin est donc une digestion et, de ce premier acte accompli régulièrement et dans des conditions normales, dépendent les suivants, c'est-à-dire la santé future.

Du reste, le meilleur exemple à suivre pour opérer judicieusement est toujours celui de la nature. Une poule, quand ses poussins sont éclos, continue à les couver comme des œufs pendant plusieurs heures, sans leur donner d'air et sans leur faire faire un mouvement. Au bout de quelques heures, généralement six ou huit, elle se lève, cherche à manger, va et vient en tous sens et oblige sa nichée à la suivre, à se remuer, à se donner de l'exercice ; les poussins esquissent bien de-ci, de-là, quelques coups de bec, mais ils ne ramassent rien et bientôt, sentant le froid, se mettent à piauler. La poule aussitôt s'accouve, glousse, écarte ses ailes, et tous reprennent leur place sous les plumes, témoignant, par une sorte de ténu gazouillement, leur satisfaction. Le même manège se renouvelle douze ou quinze fois dans la même journée et c'est seulement le lendemain que la poule se met à gratter pour découvrir quelques larves ou quelques menus grains que les poussins commencent à ramasser.

Pour agir de même, avec les procédés artificiels, il convient, si les poussins ont été mis le soir dans la sécheuse, de les laisser toute la nuit tranquilles et, s'ils y ont été mis le matin, de n'y pas toucher pendant cinq ou six heures. Puis après, toutes les heures environ, lever l'édredon et les prendre par poignées, une dizaine à la fois, avec les deux mains, et les déposer à terre sur du sable bien propre. Là, ils prennent les allures les plus bizarres : les uns déplient les ailes comme pour s'envoler et tombent tout simplement à la renverse; d'autres piquent des pointes et partent à toute vitesse pour s'arrêter net à quelques centimètres du point de départ; l'un croit découvrir un grain de mil dans l'œil de son voisin et l'assaille à coups de bec, l'autre s'acharne sur un petit caillou; bref tous se remuent et s'agitent de façon diverse. Au bout de quelques instants un petit cri strident se fait entendre, bientôt suivi d'un et de plusieurs autres; une minute après le concert est assourdissant. C'est le froid qui se fait sentir. Il n'est que temps, à poignées encore, de réintégrer la sécheuse, pour retrouver, sous l'édredon, la douce température.

L'opération est à recommencer d'heure en heure jusqu'au soir. A la quatrième ou cinquième promenade, on peut émietter un peu de pain rassis qui tombe autant à terre que sur les poussins. Ils commencent à s'exercer à en prendre des miettes minuscules, plutôt qu'ils n'en ramassent; en tous cas, ce qu'ils absorbent est si fin que cela ne peut être nuisible. Ce n'est que le lendemain qu'ils commencent à manger sérieusement. La récréation donnée d'heure en heure n'a pas pour but de provoquer l'alimentation, mais, tout au contraire, de provoquer la digestion et d'activer les fonctions de l'intestin par le mouvement, l'exercice et les transitions de température. L'effet produit est d'ailleurs facile à vérifier : si on

laissait cinquante poussins couchés dans une sécheuse, sur un linge blanc, pendant les douze premières heures, on le retrouverait à peine maculé.
Si, au contraire, on les sort d'heure en heure, en les
déposant sur un même linge, celui-ci ne pourra servir deux fois de suite. Inutile d'insister sur la conclusion de l'expérience.

Il en ressort ceci avec évidence, c'est que si beaucoup de poussins meurent au bout de six ou huit
jours, avec une entérite bien caractérisée, cela provient
surtout du régime de la première journée.

Le séjour dans la sécheuse n'est pas de longue
durée : trente-six ou quarante-huit heures au plus.
Les poussins de races naines, les faisandeaux, les perdreaux, peuvent y rester plus longtemps, mais il convient, dans ce cas, d'employer la *sécheuse-mère*.

C'est une sécheuse à laquelle est annexé un petit
promenoir. Le mode d'attache de l'édredon est dif-
férent : celui-ci, au lieu d'être simplement accroché
sur les côtés, est fixé sur un bâtis en bois pouvant
entrer dans la caisse et formant fermeture complète.
Il est suspendu au moyen de quatre chaînettes permettant de l'enfoncer plus ou moins, suivant le
nombre et la grosseur des poussins. Deux petites
portes pratiquées sur le devant de la caisse donnent
accès dans un petit parc recouvert d'un grillage
mobile.

Cette disposition convient, on ne peut mieux, aux
petits perdreaux que l'on ne pourrait tenir dans une

sécheuse ordinaire, et qui se trouvent ainsi bien enfermés, tout en étant parfaitement à l'aise. Ils peuvent y rester facilement quatre ou cinq jours. S'ils ne sont pas nombreux, des perdreaux ou des cailleteaux peuvent même s'y élever presque complètement, à condition de faire communiquer le parc avec une cage quelconque où le parcours soit suffisant.

CHAPITRE IX

De la sécheuse les poussins passent sous la mère artificielle ou éleveuse.

Les modèles d'éleveuses sont nombreux : les uns sont basés sur le maintien de la température de l'eau chaude par des corps isolants, les autres par l'entretien de la température de l'eau au moyen de lampes ou de briquettes ; d'autres enfin par du métal chauffé par contact avec une lampe ; ou bien encore par une lampe faisant fonction de calorifère et chauffant directement l'air ambiant.

Toutes ces éleveuses sont bonnes, sauf celles qui font reposer les poussins sur une plaque de métal chauffée en dessous et celles où la lampe déverse directement et apporte, comme atmosphère respirable, l'acide carbonique, produit de sa combustion.

Les deux types réunissant toutes nos préférences sont : la mère à eau chaude qui, remplie chaque matin d'eau bouillante, maintient sa chaleur pendant vingt-quatre heures — et la mère à lampe, toute en métal, dont la petite lampe à pétrole, brûlant constamment, n'a aucun contact avec les poussins.

Dans l'une comme dans l'autre nous n'aimons pas les proportions pouvant contenir plus d'une cinquantaine de poussins. Mieux vaut, à notre avis, plusieurs éleveuses moyennes qu'une seule grande où le nombre produit parfois les poussées inconscientes et si souvent funestes de la foule, où l'agglomération dégage, en dépit de toute aération, une chaleur trop forte, où toutes les maladies épidémiques ou accidentelles ont plus de prise. Du reste, ne pas mettre tous ses poussins dans la même éleveuse n'est que l'application du proverbe si judicieux : Ne pas mettre tous ses œufs dans le même panier, — et l'on se trouve souvent bien de suivre les vieilles traditions.

*
* *

Sous les mères, il n'y a pas lieu de régler la température avec un thermomètre comme dans la couveuse ; les poussins n'ont pas, en effet, besoin d'une chaleur régulière ; il ne leur faut qu'un endroit chaud pour se réchauffer le plus vivement possible, dès que le froid les prend. Sous une poule menant une bande de cinquante petits, les premiers arrivés, dès qu'elle s'accouve, trouvent immédiatement, sous son aile, une température de 36° ; les autres, plutôt autour que dessous, en ont à peine 25 et se portent également bien. En vertu de ce principe, la conduite d'une éleveuse à eau chaude est des plus simples : le matin on remplit complètement le réservoir d'eau bouillante et on laisse les portes grandes ouvertes pour que les poussins puissent aller et venir librement, sortir dès qu'ils ont trop chaud, venir se réchauffer en un instant dès qu'ils sentent le froid au dehors. Grâce à la forte couche de corps isolants qui recouvre le réservoir et l'entoure, et grâce aussi à l'épaisse étoffe de laine qui le garnit en dessous, l'eau se maintient à un degré assez élevé jusqu'au soir. Elle commence dès lors à baisser sensiblement, mais, à ce moment, les poussins réunis tous ensemble, les portes étant fermées, dégagent assez de chaleur par eux-mêmes pour avoir suffisamment chaud toute la nuit.

Dès le lendemain, pendant que les poussins sortent pour leur premier repas, on remplace l'eau refroidie par de l'eau bouillante et on procède au nettoyage du plateau de bois formant le fond de l'éleveuse, en le grattant ou en le lavant à grande eau; on le recouvre ensuite de sable sec. Il n'y a plus à s'occuper de la mère pour toute la journée.

La mère à eau chaude étant construite tout en bois, ne peut être mise dehors que sous un hangar ou sous un abri.

*
 * *

La *mère* à lampe, tout en métal, a l'avantage de ne redouter aucune intempérie et de pouvoir rester nuit et jour exposée au vent ou à la pluie, sans le moindre abri. Elle contient à la fois nid et promenoir et les poussins y trouvent chaleur, abri, aération et liberté réunis. Elle ne contient aucun réservoir d'eau. Sa pièce principale, la poule en quelque sorte, donnant la chaleur entre ses ailes et ses pattes, est une plaque de cuivre supportée par un certain nombre de piliers de même métal, dont le point central est en contact avec le sommet du verre d'une lampe complètement dissimulée et isolée dans une petite galerie inférieure. Par conductibilité toute la plaque et tous les piliers s'échauffent également et les poussins n'ont qu'à s'appuyer contre l'un d'eux pour avoir l'illusion d'être serrés sous une aile chaude.

La lampe est construite de façon à brûler pendant trente heures, sans qu'il soit besoin d'y toucher. En la remplissant et en brossant la mèche tous les matins, c'est-à-dire toutes les vingt-quatre heures, elle fonctionne avec la régularité la plus absolue. Le seul soin à prendre est de considérer la lampe comme une lampe d'appartement qui, d'ailleurs, n'en diffère que par la forme de son récipient, et de tenir la mèche parfaitement ronde pour que la flamme soit régulière. Pour cela, ne jamais couper la mèche, mais la brosser seulement avec un linge ou une petite brosse et tenir le bec bien propre. Une fois la lampe allumée, laisser la mèche très basse et ne la mettre au point que quand tout est bien échauffé. Rien de plus à faire jusqu'au lendemain.

CHAPITRE X

ALIMENTATION ET HYGIÈNE DES POUSSINS

Les poussins installés sous les mères, il n'y a plus qu'à se préoccuper des questions de nourriture et d'hygiène.

Nous n'avons pas la prétention de préciser un mode d'alimentation et de le donner comme système infaillible contre tous les accidents quelconques de l'élevage. Dans chaque pays, parfois dans des villages voisins, se pratiquent des méthodes différentes qui mènent au même but. Partout on élève plus ou moins de poussins et, selon nous, le succès de l'élevage est dû plutôt à la manière dont la nourriture est donnée qu'à la nourriture elle-même. Dans deux maisons voisines, avec des poulets de même race et de même âge, soumis exactement au même régime, les résultats seront excellents dans l'une et déplorables dans l'autre ; cela dépend d'un je ne sais quoi assez difficile à expliquer, d'un tour de main, d'une habitude d'opérer régulièrement et avec certaines précautions, prises plutôt en vertu d'une intuition spéciale que de règles fixes, de méthode et d'esprit de suite, enfin et surtout de l'envie de bien faire et de réussir.

*
* *

Voici un régime assez communément appliqué : Pour les premiers repas, mie de pain rassis ou chapelure triturée avec salade et œufs durs hachés. Dès le deuxième jour, en supplément, du lait caillé cuit quatre fois par jour, en petite quantité et, tout le temps, à discrétion, comme base de nourriture, une pâtée très épaisse de farine d'orge non blutée, pure, ou de préférence mélangée avec un quart de farine de maïs blutée. Cette pâtée sera faite plusieurs fois par jour afin qu'elle ne puisse sûrir, et délayée avec du lait pur ou plutôt avec du petit-lait bien frais, et, à la rigueur, tout simplement avec de l'eau. Il est essentiel que cette pâtée soit très épaisse pour ne pas former colle et qu'elle soit distribuée sur des blocs de bois ou de pierre désignés ordinairement sous le nom de billots, que les poussins ne peuvent piétiner, et sur lesquels, jusqu'à la dernière miette, elle reste fraîche et propre.

Dès que les poussins mangent, ils peuvent boire, mais il importe aussi de veiller à ce que l'eau mise à leur disposition ne soit pas trop fraîche, qu'elle ne sorte pas d'un puits ou d'une source dont la température serait bien inférieure à celle de la pièce habitée par eux, et aussi que cette eau ne soit pas offerte dans une assiette ou dans un récipient où ils puissent mettre les pattes. Le mieux est d'employer les bacs siphoïdes en verre ou en zinc où l'eau ne se présente que par un orifice très étroit et où celle-ci reste propre jusqu'à la dernière goutte.

Par les grandes chaleurs, si l'on remarque que les poussins ont tendance à trop boire, on peut additionner l'eau de quelques gouttes de café, juste assez pour la colorer. Il est certains cas où il convient de supprimer complètement l'eau momentanément : c'est surtout quand les poussins ont, par hasard, eu trop chaud la nuit et qu'on les voit, le matin, aussitôt la porte de la mère ouverte, se précipiter sur le bac et boire à satiété sans paraître pouvoir étancher leur soif. Remplacer, dans ce cas, pendant quelques heures, l'eau pure par du lait tiède est souvent d'un excellent effet.

*
* *

Dès que les poussins ont quatre ou cinq jours, il importe de ne pas les laisser renfermés dans une pièce quelconque et de les mettre en contact avec le sol et le grand air. Si le temps est froid ou s'il pleut, on les mettra sous un hangar et l'on profitera de la moindre éclaircie pour prolonger leur parc au dehors, ne fût-ce que quelques instants dans la journée. De même si, l'hiver, on les tient dans une étable ou dans une pièce chauffée, on fera en sorte qu'ils puissent profiter du moindre moment de beau temps pour sortir et prendre l'air. Sinon le rachitisme arrive et décime tout à bref délai.

Au bout de huit ou dix jours, surtout par le beau temps, quand les poussins ont libre parcours dans la prairie, on peut tout doucement supprimer la pâtée de mie de pain et d'œuf. En hiver il vaut mieux la maintenir un peu plus longtemps et remplacer par quelques grains de millet, autant que possible du millet blanc, mais en petite quantité.

L'usage du lait caillé cuit se prolonge facilement jusqu'à trois semaines et souvent jusqu'à cinq ou six. C'est d'ailleurs un aliment dont le prix de revient est peu élevé à la campagne et dont la confection n'est pas bien compliquée.

Voici comment il convient de le préparer :

Laisser du lait cailler spontanément ou le précipiter avec un peu de présure. Faire bouillir la caillebotte dans une casserole, une poêle ou plutôt un poêlon en terre, puis verser sur une passoire et briser les gros morceaux avec une fourchette, de façon que l'ensemble soit à peu près réduit à la grosseur d'un grain de riz. Étendre ensuite sur un torchon pour faire disparaître toute humidité. — Distribuer, une fois refroidi, par petites quantités. C'est un aliment dont les poulets se montrent très friands et qu'il ne faut pas prodiguer. Préparer le lait caillé chaque jour pour l'avoir toujours frais. Il ne serait plus appétissant et, de plus, serait malsain s'il avait subi le moindre commencement de fermentation.

*
* *

Si importante que soit la question d'alimentation pour les poussins, celle-ci n'est cependant que secondaire à côté de la question d'hygiène. Il meurt beaucoup plus de poussins par défaut de précautions que par mauvaise nourriture ; les courants d'air, l'humidité, les coups de soleil, les excès de chaleur,

13.

sont mortels. Autant il est nécessaire de ne pas séquestrer les poussins, autant il est dangereux de les exposer au plein soleil, surtout s'ils n'ont pas la liberté complète. A les voir rechercher le coin de leur parc le plus ensoleillé on croirait qu'ils éprouvent un plaisir extrême et un bien-être tout particulier à se coucher, à s'aplatir même, sous les rayons les plus directs du soleil. S'il y a pour eux satisfaction, celle-ci n'est que passagère, car bientôt le sommeil lui succède, précurseur de la congestion. Tout poussin qui s'est endormi au plein soleil peut être considéré comme perdu. Aussi faut-il : ou la liberté absolue grâce à laquelle, l'instinct de conservation aidant, le poussin saura se soustraire aux effets meurtriers du soleil; — ou des parcs parfaitement ombragés, sans toutefois que l'ombre entraîne la fraîcheur et l'humidité, car le remède, en ce cas, serait pire que le mal.

*
* *

Enfin, le point le plus délicat de l'élevage, depuis le premier jusqu'au dernier jour, est d'éviter les excès de chaleur. Cinquante poussins de huit jours sont très à l'aise sous une éleveuse et y dégagent une chaleur à peine suffisante pour leur entretien; il est même nécessaire, par une addition d'eau chaude ou par une lampe, de provoquer une élévation de la température. — Ces même poussins, dans ce même local, si tous sont encore vivants dix ou quinze jours plus tard, ont pris un développement suffisant pour se trouver presque à l'étroit; ayant plus de vitalité, consommant davantage, ils dégagent une chaleur propre plus grande, consomment plus d'air respirable. Si l'on ajoute à cette chaleur naturelle celle d'un foyer accessoire, la température sera trop élevée et l'air fera défaut. Quinze jours encore plus tard, même augmentation proportionnelle de volume, de consommation d'air et de dégagement de calorique. Il n'est que temps alors d'aviser à l'agrandissement du local et à son aération, sous peine de voir la température s'élever en excès et l'air pur faire défaut.

Il est difficile, impossible même, de combiner des éleveuses où toutes ces conditions soient prévues et réglées d'avance ; c'est à l'éleveur à avoir assez de tact pour prendre ses dispositions en conséquence, soit en exhaussant graduellement le foyer de calorique de l'éleveuse, soit en le supprimant en temps opportun ; en le remplaçant au besoin par un cadre garni d'une étoffe épaisse au début et légère par la suite : en dédoublant les bandes de poussins dès qu'ils grossissent ; en les obligeant à se percher au lieu de se coucher groupés en tas, aussitôt qu'ils sont assez forts. De même, un poulailler bon pour des poulets de six semaines commençant à se percher, n'est plus assez spacieux, ni assez aéré pour les mêmes âgés de trois mois. Sans chercher à vérifier le fait avec un mètre ou un thermomètre, il est facile de s'en rendre compte à première inspection pour la capacité, et à la première sensation de chaleur, le matin, en ouvrant la porte.

Un amateur ayant, pour son compte, les moindres notions du confort saura ce qu'il doit faire en pareil cas, sans qu'on lui soumette un tableau de mesures et de degrés.

****

Suivant un préjugé admis partout comme article de foi et dont, par suite, on songe peu à discuter la valeur, les poulets ne doivent se percher que le plus tard possible : leur ossature insuffisamment consistante se déforme au contact du perchoir dont l'empreinte se dessine en creux sur le sternum et va jusqu'à l'incurver et le tordre complètement. On préconise comme remède, ou du moins comme palliatif, l'emploi de perchoirs plats au lieu de ronds, sur lesquels le poulet est simplement couché, sans pouvoir, comme il le ferait, vivant libre, s'y maintenir avec les doigts. Et, malgré cela, on constate tout de même des déformations, des déviations. — De cette constatation à la suppression du perchoir jusqu'à l'âge adulte, il n'y a qu'un pas et, ce pas, presque tous les éleveurs n'hésitent pas à le faire, trouvant que leurs poulets sont beaucoup mieux, entassés dans un espace d'un mètre carré, quand ils devraient en occuper un dix fois plus grand sur les perchoirs. Ils ne se rendent pas compte que, par les nuits d'été, à température souvent surélevée, ces poulets ainsi entassés respirent un air raréfié, fiévreux, surchauffé; que, le matin, ils ont une soif inextinguible; que, de jour en jour, leur plumage est plus terne; qu'ils maigrissent au lieu d'engraisser; qu'ils se grattent du matin au soir, tourmentés sans relâche par les poux et qu'au bout de quelque temps, les sternums tordus, les squelettes déformés par l'anémie sont nombreux et qu'ils sont même en majorité.

On attribue ces accidents à quantité de causes diverses, à la saison pluvieuse, au soleil persistant, aux orages, aux vents d'ouest ou aux vents d'est, le plus souvent à la bonne ou aux enfants de la jardinière, et on se félicite, en plus, d'avoir évité pire mécompte en prohibant les perchoirs. Et malgré tous les conseils, tous les avis des hommes de science et des praticiens, on continuera par précaution, par admission sans contrôle d'absurdes préjugés de bonnes femmes, à entretenir soi-même une des principales sources d'ennuis et d'accidents que puisse trouver un aviculteur.

Il suffit cependant de regarder autour de soi pour se rendre compte de l'innocuité des perchoirs. Est-ce que les faisandeaux nés au bois qui, à peine couverts de plumes, dès que la mère cesse de les couver, se perchent sur des petites branches de taillis à peine assez fortes pour supporter leur faible poids, ont des déviations d'ossature? Est-ce que les paons qui se perchent encore plus jeunes, qui, à défaut d'ailes, montent sur celles de leur mère au sommet des arbres, sont souvent contrefaits? Est-ce que tous les oiseaux enfin portent sur la poitrine l'empreinte de la branche d'arbre sur laquelle ils se sont perchés au sortir du nid? Évidemment non. — La nature a construit les oiseaux pour dormir perchés dans les arbres; et les gallinacés sont des oiseaux. Les contraindre à se coucher à terre, comme les quadrupèdes, est une erreur qui ne peut avoir que des conséquences funestes.

Et il ne suffit pas, en reconnaissant cette erreur, de consentir au perchoir. Il est de toute nécessité que celui-ci soit dans un local, à l'abri de tout courant d'air, à moins qu'il ne soit tout à fait à l'air libre, suffisamment spacieux et aéré pour que jamais la température n'y soit sensiblement plus élevée que dehors et, enfin, que ce perchoir, sans être mince, ne soit pas une planche plate, mais qu'il présente une surface arrondie dont le poulet puisse facilement avec ses doigts, suivre le contour.

Ceci ne nécessite pas une installation coûteuse, mais seulement un peu d'énergie à réagir contre les vieilles habitudes des campagnes et ce n'est pas toujours d'une exécution facile.

*
* *

Les poulets étant amenés au point où ils sont assez forts pour se percher, ils passent dans la classe des adultes, et nous n'avons plus à nous occuper d'eux dans le cours primaire.

Nous ajouterons cependant quelques conseils s'adressant plus spécialement aux faisandiers et aux amateurs dont les parquets sont objet de luxe et de distraction et qui n'aiment à donner leurs soins qu'à des oiseaux rares et délicats, tels les faisans, les colins, les perdreaux, les canards mandarins et analogues, les paons, etc.

CHAPITRE XI

C'est par milliers que sont ramassées les nichées de perdreaux à l'époque de la fauchaison des prairies naturelles et artificielles. Si la majeure partie de ces couvées n'était élevée par les soins des paysans et des chasseurs, les perdreaux ne seraient pas dix ans à disparaître complètement de nos chasses. Et dire que cette quantité innombrable de gibier doit être sauvée en cachette, car la loi (*dura lex*) ordonne de laisser périr, dans le champ dégarni par la faux, ces malheureux abandonnés et punit avec la dernière rigueur quiconque prend soin de les ramasser pour les élever à grand'peine afin de leur rendre la liberté quand ils seront assez forts pour la supporter. En dépit de la loi, nous ne pouvons qu'approuver ceux qui recueillent et élèvent les couvées de perdreaux.

Partout aujourd'hui l'élevage artificiel est aussi répandu que l'élevage naturel et, dans toute ferme ou dans toute chasse bien organisée, on dispose à son gré de l'un ou de l'autre système. Pour les perdreaux on ne saurait hésiter à donner la préférence au premier. La couveuse est toujours prête à recevoir les œufs quand ils arrivent de la plaine; ceux-ci n'y sont jamais écrasés et les poussins éclosent comme par enchantement sans que jamais il en reste un seul dans la coquille.

Au sortir de la couveuse les petits perdreaux trouvent sous la mère artificielle un refuge bien plus sûr que sous les poules, où ils ne sont pas bousculés et où ils reposent à leur guise. Là on peut leur prodiguer toutes les petites douceurs que réclame leur tempérament délicat, sans qu'une poule vorace et brutale vienne tout avaler en quelques coups de bec.

Quand on est forcé d'avoir recours aux mères naturelles, il est indispensable d'employer la boîte à élevage à deux compartiments dans laquelle la poule isolée ne sert absolument que de chauffeuse; les petits viennent la trouver quand ils ont tranquillement mangé de l'autre côté. Comme nourriture, c'est toujours l'œuf de fourmi qui convient le mieux, mais la récolte en est souvent difficile. On peut y suppléer par différentes préparations spéciales, mais disons bien vite que rien ne leur est supérieur et que, dut-il même en coûter un peu de peine pour se procurer des œufs de fourmis, il ne faut jamais hésiter; la peine sera compensée par les facilités de l'élevage.

Pour les premiers repas, une pâtée composée d'œuf dur, de salade hachée et de mie de pain rassis à laquelle on joindra quelques grains de chènevis pilé, est celle que les perdreaux mangent de préférence. L'œuf de fourmi n'est nécessaire qu'à partir du 3ᵉ ou 4ᵉ jour. A son défaut, employer le sang cuit ou desséché ou encore une préparation connue sous le nom d'œufs de fourmis artificiels, que l'on ajoute, en petite dose, à la pâtée. On peut varier la verdure hachée en employant tantôt la salade, laitue ou romaine, tantôt les choux bien tendres ou la chicorée sauvage, tantôt les orties.

Pendant la première semaine, il est bon de ne donner que la larve seule des fourmis, sans fourmis vivantes, car les piqûres de celles-ci fatiguent inutilement les poussins. Dès que les perdreaux ont une huitaine de jours, ils peuvent facilement, d'un coup de bec, tuer la fourmi et la manger avec une satisfaction marquée. On peut alors leur donner larves, fourmis, brindilles, tout à la fois; ils se défendent à coups de bec et à coups de pattes et font disparaître en un instant tout ce qu'on leur a présenté.

Un peu plus tard, c'est surtout la verdure à discrétion qui leur convient, à condition que salades et choux soient toujours suspendus par une ficelle dans le parquet d'élevage.

Les colins demandent exactement les mêmes soins que les perdreaux. Peut-être pourraient-ils se passer plus facilement d'œufs de fourmis. On peut les élever dans un espace beaucoup plus restreint que les perdreaux, à condition que ce soit un emplacement excessivement sec et abrité du vent.

Le même régime convient aux cailleteaux, qui sont généralement faciles et intéressants à élever.

CHAPITRE XII

ÉLEVAGE DES FAISANS ET DES PHASIANIDÉS EN GÉNÉRAL

Tout ce qui vient d'être dit pour les perdreaux s'applique aux faisans et à tous les phasianidés en général. Seulement, ceux-ci étant encore plus délicats que les perdreaux, étant moins nerveux, moins résistants, surtout dans les premiers jours, il importe de leur prodiguer des soins encore plus minutieux. Ainsi, à huit jours, des faisandeaux supporteraient moins bien que des perdreaux la lutte contre les fourmis. Jusqu'à l'âge de quinze jours, la larve seule convient mieux. A partir de l'âge de dix-huit à vingt jours, un peu d'oignon haché fait bon effet dans la nourriture additionnée également de riz cuit; mais, comme l'oignon haché produit beaucoup d'eau, il est important que la mie de pain servant de base à la pâtée soit aussi sèche que possible. On la remplace au besoin par de la chapelure.

Au bout d'un mois ou cinq semaines, on passe insensiblement à l'alimentation par le grain et, dans ce but, on commence par du millet, un peu de chènevis, du sarrasin, en augmentant peu à peu la dose, pour diminuer celle de la pâtée jusqu'à suppression complète.

A six semaines, deux mois, les faisandeaux pourraient être considérés comme sauvés si, au moment
même où on les met en liberté, ils n'étaient exposés
à une maladie terrible, localisée heureusement dans
certaines contrées, le *ver rouge*.

Cette maladie, connue de tous les faisandiers, assez
fréquente même chez les volailles ordinaires, est
contagieuse au premier chef et peut décimer tout un
élevage. C'est un petit ver rouge, fin et assez long,
qui s'installe dans la gorge du faisandeau, y pullule
et finit, en envahissant toute la trachée, par étouffer
l'oiseau. Le sujet atteint commence par tousser, s'efforçant de rejeter, en secouant la tête et en émettant
un son guttural assez prolongé, ce qui l'empêche de
respirer. Plus tard, la suffocation arrivant, il ouvre
à chaque instant le bec, en allongeant le cou; il
cherche à boire souvent et c'est en buvant qu'il dépose, dans l'abreuvoir, des germes du mal qui l'obsède et qu'un autre viendra prendre derrière lui; la
contagion est fatale et d'une extrême rapidité.

Longtemps considérée comme incurable, cette maladie est maintenant combattue avec succès par les
fumigations d'acide phénique, au moyen de la boîte
à fumigation, appareil d'une grande simplicité que
chacun peut construire soi-même.

Pour bien faire saisir les différentes phases de l'élevage des faisandeaux, les dispositions les plus
avantageuses à appliquer dans une faisanderie et la
méthode de traitement du ver rouge par les fumiga-

tions, nous ne croyons pouvoir mieux faire que de reproduire, in extenso, la relation d'une visite que nous avons faite dans une des plus belles et des plus importantes faisanderies d'Europe.

*
* *

Qu'on se figure non pas une faisanderie, mais un domaine entier et un domaine considérable, spécialement aménagé pour l'élevage des faisans. C'est sur la chasse même, à l'endroit où, plus tard, se feront les battues que les faisandeaux sont élevés.

D'après un état très régulièrement tenu, sur feuilles imprimées, ayant un cachet de haute administration, la faisanderie en question possédait, au jour de notre visite, 10.780 faisandeaux. Le tout réparti entre huit gardes faisandiers, occupant chacun un point séparé du domaine, afin d'éviter les agglomérations et tout danger des maladies contagieuses. Pour donner une idée de l'étendue sur laquelle tout est réparti, il nous suffira de dire que, conduit pendant toute l'après-midi par un excellent cheval, nous avons dû, faute de temps, laisser trois élevages sans les visiter.

Chaque garde ayant une maisonnette de même type, isolée au milieu des bois, possède auprès de lui une faisanderie, pour la production des œufs, divisée en un nombre suffisant de parquets pour contenir de 300 à 500 pondeuses. Les poules sont reprises au bois au mois de mars et placées, dans la proportion de 5 pour 1 coq, dans de vastes parquets non couverts, où poussent des herbes, des

fougères, des arbustes, des sapins et où sont ména-
gées quelques petites huttes en paille pour abriter
la ponte. Les poules ont l'aile entravée, ce qui permet, après leur avoir donné un parcours dix fois
plus grand qu'on ne pourrait le faire avec des parquets couverts — parcours équivalent à la liberté, —
de les lâcher après la ponte et de les rendre à la vie
sauvage. Dans ces conditions la récolte des œufs est
abondante et ceux-ci, fécondés dans une large proportion, donnent de bonnes et nombreuses éclosions
de faisandeaux sains et vigoureux.

A chaque maison de garde sont annexées trois
pièces principales : le couvoir, tantôt naturel, tantôt
artificiel; le faisandier-chef, grand partisan lui-même
des incubateurs, tient à laisser la plus grande ini-
tiative à ses sous-ordres et leur permet, suivant leur
goût, d'employer les poules ou les couveuses. La
deuxième pièce est le magasin aux boîtes à élevage;
elle n'est pas la moins remplie. La troisième est le
laboratoire ou cuisine aux pâtées; ici la méthode et
la propreté règnent d'une manière absolue.

*
* *

A l'éclosion, et pendant la première quinzaine, les
faisandeaux sont tenus dans des parcs carrés de
2 mètres de côté sur 80 centimètres de hauteur, recouverts d'un filet; au côté de ce parc est annexée une
boîte longue de 1ᵐ,50 et abritée d'un toit mobile en zinc,
contenant la poule ou la mère artificielle. La pâtée
des faisandeaux, mieux soignée par le garde que le
meilleur menu, par un chef de grand restaurant, est,

après de nombreuses expériences comparatives, composée de la manière suivante : chapelure, œufs durs et salade hachés, riz cuit, oignon haché en petite quantité, sang de bœuf cuit conservé en boîtes. Le tout bien mélangé est fort appétissant et présente un aspect plutôt sec qu'humide. L'œuf de fourmi, devenu rare dans la contrée, par suite de l'excès de consommation, est remplacé par le sang de bœuf conservé en boîtes et nous avons vu différents parquets de même âge exclusivement nourris, les uns aux œufs de fourmis, les autres au sang, présenter exactement la même apparence de vigueur et de santé.

A peine les faisandeaux ont-il quinze jours qu'ils quittent la faisanderie; on les emporte avec leur mère, naturelle ou artificielle, dans une boîte à élevage spéciale au centre de la battue ou du quartier de bois qu'ils sont destinés à peupler. Dans cette boîte la mère seule est captive et les petits sont libres, le devant n'étant fermé que par des barreaux assez espacés pour qu'ils puissent sortir sans difficulté. Une porte grillée, relevée pendant tout le jour, permet de les enfermer la nuit.

Le long de chaque battue est ménagé un immense champ de luzerne, de sarrasin ou de féveroles; cette dernière plante est cultivée de préférence à cause des nombreux insectes qu'elle attire.

Toutes les boîtes d'élevage, une centaine environ pour chaque garde, sont rangées face à la plaine, le dos au bois, à vingt mètres l'une de l'autre environ. Tous les faisandeaux, suivant l'heure de la journée, suivant le temps, sont au pré ou au bois et il faut prendre la peine de chercher pour les voir, en se promenant, autour des boîtes à élevage où il s'en trouve, en moyenne, de douze à quinze cents réunis. Auprès de chaque boîte est une vaste augette contenant la pâtée précédemment décrite, et un bac à boire garni d'une légère dose de sulfate de fer.

Suivant les cas les élevages sont placés en plein bois, sur un jeune taillis avec une futaie derrière; autant que possible on s'installe près d'un ruisseau et, règle invariable à laquelle il n'est jamais dérogé, les élevages sont changés, non seulement de place, mais de quartier, chaque année.

Quand les faisandeaux ont un mois, on supprime une mère sur deux; puis, quinze jours plus tard, une sur trois; à ce moment ils commencent à se percher sur les boîtes pour se coucher, au lieu d'aller à l'intérieur auprès de la mère. Puis, peu à peu, les plus vigoureux branchent au bord du taillis; ils reviennent bien encore à l'heure de la distribution, mais ils prennent de l'indépendance et se font ainsi, tout naturellement, sans transition brusque, à la vie sauvage.

*
* *

On comprend qu'avec cette méthode l'élevage demande peu de soins et soit peu coûteux; ce n'est pas un personnel six fois plus nombreux qui suffirait à son entretien en faisanderie close.

Là, les pertes sont à peu près nulles; elles le seraient complètement si l'on ne rencontrait, comme partout ailleurs, mais en faible proportion cependant, la plaie ordinaire, le désespoir de tous les faisandiers, le ver rouge.

Ici, toutefois, l'habile intendant qui a la haute main sur cette faisanderie modèle a su conjurer le mal.

S'il n'a pas encore trouvé le moyen de protéger ses élèves contre le ver rouge, il sait du moins les guérir, et ce fléau qui, d'ordinaire, décime une faisanderie tout entière quand il y pénètre, ne lui cause pas une moyenne de plus de trois à quatre pour cent de perte.

Le ver rouge, dont la présence chez les oiseaux se décèle par les symptômes indiqués ci-dessus, a la forme d'une petite anguille de un à deux centimètres de longueur; il est de la grosseur d'un crin. Presque toujours le mâle est lié à la femelle et tous deux forment ainsi une sorte d'Y. Ils s'installent dans la trachée, s'y incrustent même et se reproduisent avec une rapidité telle qu'au bout de quelques jours ils forment une boule assez grosse pour étouffer le patient, surtout s'il est encore jeune.

Il s'agissait de trouver un toxique assez puissant pour tuer le parasite sans nuire au faisandeau et c'est ce problème difficile que nous avons vu résoudre avec un plein succès.

Voici comment on procède :

Deux fois par jour chaque garde se promène, muni de son épuisette, au milieu de ses élèves et, tout en distribuant quelques friandises et en sifflotant pour les attirer, il saisit tous ceux qu'il entend tousser, qu'il voit bâiller ou qui lui paraissent boudeurs, et il les emmène à l'infirmerie. Il peut, chaque jour, en ramasser ainsi une soixantaine. Sa chasse faite, il prépare une fumigation.

La fumigation, qui a été faite devant nous, dans tous ses détails, est organisée dans une petite cabane roulante de 1 mètre 50 centimètres de long sur 90 centimètres de large et 1 mètre de hauteur. Le fond de la cabane est élevé à 1 mètre du sol environ, pour être bien à hauteur de l'opérateur. La cabane est munie, à l'avant, de deux petits carreaux et, à l'arrière, d'une porte vitrée, pour permettre de bien distinguer tout ce qui se passe à l'intérieur. Elle est entièrement blindée en zinc. Au fond et près de l'entrée, une sorte de bassin, recouvert d'un grillage, contenant un réchaud, lampe à alcool ou à pétrole, au dessus duquel vient bouillir une casserole remplie d'acide phénique.

Une fois le tout préparé, on place les cinquante ou soixante faisans dans la cabane; on ferme hermétiquement les portes et, au moyen d'une petite ouverture ménagée au-dessous, on allume le réchaud. Aux premières émanations les faisandeaux semblent ahuris, puis ils courent, se blottissent effarés dans les coins; ils bâillent, tombent sur le côté comme suffoqués, puis se relèvent et restent anéantis. Quand la fumée devient plus intense ils semblent plus calmes en se massant dans les coins. Enfin, au bout de vingt à vingt-cinq minutes, quand la fumée devient telle qu'il est presque impossible de rien distinguer, ils chancellent et tombent : ce serait pour toujours si l'on ne se hâtait d'ouvrir, aux premiers symptômes de suffocation définitive.

En mettant le nez à la porte, après quelques instants d'ouverture, nous nous demandons comment un oiseau, surtout si jeune, a pu résister à semblable atmosphère, et cependant on les dépose à terre et immédiatement ils prennent leur vol ou marchent librement.

La fumigation terminée, le faisandier a fait devant nous l'autopsie d'un des sujets; il avait, dans la trachée, deux vers rouges, accouplés tous deux, d'assez jolie dimension. Mis dans l'eau, ces vers étaient complètement inertes; ils étaient bien et dûment asphyxiés, et nul doute que le faisandeau qui les possédait, s'il n'avait eu la malchance de servir de pièce à conviction, les aurait facilement expulsés seul et aurait recouvré la santé.

Presque toujours une seule fumigation suffit; cependant, quand le mal n'est pas pris au début, quand les vers sont assez nombreux pour former pelote, ceux du centre de la pelote se trouvent protégés, par leurs congénères, contre les émanations délétères de l'acide phénique et ce n'est qu'une deuxième et parfois une troisième fumigation qui les atteint. Le traitement à appliquer est facile à distinguer d'après le degré d'affaiblissement et de gêne du malade. Dans ce cas, au lieu de le lâcher immédiatement après la fumigation, on le réintègre à l'infirmerie jusqu'au lendemain.

Voilà un traitement à la fois simple, pratique et peu coûteux, dont la vulgarisation pourra sauver des milliers de faisans et s'appliquer, dans bien des cas, aux volailles, qui, elles aussi, sont souvent atteintes du ver rouge.

CHAPITRE XIII

S'il est un oiseau de basse-cour qui présente toutes
les apparences de la vigueur, de la force et de la rusticité, c'est assurément le dindon. On est tout surpris, quand on l'a vu mangeant de tout avec glou-
tonnerie, grain, pâtée, verdure, couchant dans les
branches d'arbres, exposé au vent et au frimas les
plus rigoureux, sans jamais paraître incommodé,
de voir combien les jeunes sont chétifs et délicats;
combien ils redoutent les intempéries, combien il
faut de choix minutieux dans leur nourriture et de
précautions pour leur entretien.

Jusqu'à l'âge où il a pris rang parmi les adultes, le
dindonneau réclame des soins assidus, tout autant,
sinon plus, que les poussins de race les plus rares,
souvent autant que les faisandeaux dont l'avenir est
cependant beaucoup plus brillant. Une promenade
le matin dans la rosée est pernicieuse, un coup de
soleil est mortel. Toutes les maladies qui ravagent nos
faisanderies : ophtalmie, diphtérie, ver rouge, diar-
rhée, ont prise sur les dindonneaux; aussi les mêmes
soins doivent-ils être employés pour les protéger.

Malgré ces difficultés, l'élevage du dindon est loin

d'être inabordable. Il suffirait d'en donner comme preuve les nombreux troupeaux que l'on rencontre dans les plaines de la Lorraine, de la Champagne, de la Beauce, un peu partout du reste, sous la conduite de la petite *gardeuse* personnifiée dans *la Mascotte*, et rendue si populaire par le duo d'Audran. Évidemment Jeanne Granier n'a jamais éprouvé la moindre difficulté à élever les dindons, sans cela elle ne chanterait pas avec tant de charme leur joyeux glouglou.

Il n'y a donc pas à perdre patience pour une ou deux couvées manquées; l'application, en temps opportun, de quelques petits soins et d'un régime en rapport avec le tempérament spécial des oiseaux fera disparaître tous les ennuis.

Le dindon, originaire d'un climat beaucoup plus chaud que le nôtre, a besoin d'une alimentation à la fois tonique et rafraîchissante, dont se passent volontiers les gallinacés indigènes. Bien qu'à l'état sauvage et primitif on le rencontre dans les forêts, comme le faisan, et que, par conséquent, sa nourriture doive se composer, comme celle de la plupart des oiseaux, d'insectes, de graines et de verdure, la nourriture animale ne semble pas nécessaire à son développement. La pâtée de mie de pain, d'œufs durs et d'orties blanches hachées lui suffit amplement; quelques grains de millet et de petit blé, comme supplément, et le libre parcours dans la prairie où, du matin au soir, il ne cesse de picorer, voilà ce qui lui convient le mieux.

Tout le monde est d'accord pour reconnaître que le dindonneau a une crise difficile à traverser : c'est

le moment où poussent les caroncules rouges qui
garnissent le tour de la tête, où, selon l'expression
consacrée, ils prennent le rouge. Il n'y a crise, à
notre avis, que si le jeune animal est déjà faible,
anémique, au moment où s'opère cette transformation. Mais s'il a été bien soigné depuis sa naissance,
si, à cet âge, il est robuste et vigoureux, la transition
s'opère sans secousses et il quitte l'état de poussin,
pour entrer dans cette phase nouvelle de son existence, sans la moindre souffrance. Si, au contraire,
les dindonneaux sont languissants depuis quelques
semaines, l'apparition du rouge est fatale et aucun
soin momentané ne peut leur apporter un soulage-
ment. C'est pour cela que cette époque est si redou-
tée des éleveurs; mais l'effet est pris pour la cause
et, s'il y a quelques remèdes à appliquer, c'est en un
traitement préventif et non immédiat qu'ils doivent
consister.

Il suffira, dans la quinzaine qui précède la prise
du rouge, d'ajouter à la pâtée dont nous avons plus
haut indiqué la composition, un cinquième environ
de son poids de chènevis pilé. Avec cette simple précaution, les jeunes élèves arriveront à l'âge adulte
sans accidents et, dès lors, il ne leur faudra plus
qu'une alimentation abondante et substantielle pour
atteindre leur complet développement.

Un soin important reste à prendre cependant : au
moment de l'éclosion des jeunes dindons on les a placés avec leur mère dans un petit réduit bien clos,
où ils rentrent chaque soir et se trouvent chaude-
ment pour passer la nuit. Si l'on n'y prend garde, ce
logement, si confortable au début, sera cause des

14.

plus graves maladies : une trentaine de dindonneaux tiennent peu de place pendant un mois, mais, dès qu'ils commencent à s'emplumer, ils ont vite rempli le poulailler et les perchoirs deviennent trop étroits ; ils développent, par eux-mêmes, tassés les uns contre les autres, plus de chaleur qu'ils n'en trouvaient sous l'aile de la mère ; la consommation d'air devient plus considérable et l'on peut se rendre compte, le matin, en ouvrant les portes de la cabane, que l'air raréfié dégage une odeur nauséabonde et que la température est surélevée relativement à l'extérieur. La transition brusque, de cette atmosphère viciée à l'air frais du dehors, est cause de la plupart des maladies ou, sinon des maladies, du moins de cette faiblesse, de cette atonie générale qui rendent si dangereuse la prise du rouge.

En remplaçant simplement les portes pleines des poulaillers par des portes grillées, ou, mieux encore, en habituant les jeunes dindons, aussitôt qu'ils sont emplumés, à coucher sous des hangars, à l'air libre, on supprimerait les principales causes d'accidents et, par suite, la plupart des maladies.

CHAPITRE XIV

CANETONS MANDARINS, CAROLINS ET ANALOGUES

Au point de vue de l'élevage, ce ravissant oiseau dénommé canard mandarin, n'a du canard que le nom. Si on le soumettait au régime des canetons ordinaires, pas un seul ne réussirait. Et pourtant, le mandarin n'est pas difficile à élever, il est même assez rustique.

A la naissance, il a le plumage et les allures du caneton sauvage ordinaire; il ne s'en distingue que par ses yeux ronds d'une grandeur démesurée. Il est très gros eu égard à la taille qu'il doit atteindre.

Comme alimentation, il est indispensable de lui donner la nourriture des perdreaux ou celle des faisandeaux indiquée précédemment, y compris et surtout les œufs de fourmis. En outre, le condiment nécessaire de ce régime est la lentille d'eau, dont les canetons mandarins se montrent très friands. C'est pour eux un véritable régal chaque fois qu'on leur en jette une pincée dans le bassin où ils vont boire.

La lentille d'eau ou lentille des marais est cette sorte

de petite mousse verte à double feuille minuscule et plate qui, en été, couvre les mares ou les canaux, ou certains ruisseaux à cours très lent. Dans presque toutes les campagnes on en trouve sur les mares; tous les canaux de Hollande en sont absolùment couverts. On la ramasse avec une sorte d'écumoire ou filet et on en remplit un seau que l'on vide sur un bassin de la maison; la lentille d'eau a vite repris racine et tout ce que l'on consomme, pour l'entretien journalier des canetons, est repoussé presque aussitôt. En rapportant une seule provision ainsi entretenue, on peut facilement élever tout une nichée.

Si les canetons mandarins ont été couvés par une cane vivant libre, dans un parc, au bord d'un étang ou d'un cours d'eau, tous ces soins sont superflus : une heure après l'éclosion ils sont sur l'eau avec leur mère, nageant avec une facilité et une rapidité extrèmes, faisant une chasse acharnée à tous les moucherons et à tous les insectes qui vivent sur le bord des rives, et semblant aussi à l'aise, sur l'élément liquide, que le seraient, sur terre, des petits perdreaux de quinze jours.

A ceux-là point n'est besoin de pâtée spéciale; la mère se charge de les conduire aux bons endroits où ils trouveront des mets à leur goût. Il n'y a pas à s'occuper d'eux autrement que pour les protéger contre les rats et les bêtes fauves. Ils ne redoutent guère les oiseaux de proie dont ils savent instinctivement déjouer l'attaque par un habile plongeon.

Les jeune carolins, plus vivaces peut-être encore que les mandarins, demandent exactement les mêmes soins. Avec la moindre précaution leur éle-

vage ne présente aucune difficulté particulière et l'on
se demande pourquoi ces charmantes espèces, dont la
présence donne un cachet si original d'élégance à
toutes les pièces d'eau, grandes ou petites, ne sont
pas plus répandues.

CHAPITRE XV

Après avoir été, pendant quatre ou cinq mois,
l'objet de toute la sollicitude que des êtres humains
sont susceptibles de prodiguer, après avoir reçu des
soins que toutes les mères ne donnent pas à leurs
enfants, il est temps que le poulet prenne contact
avec la société et qu'il rende, à son tour, quelques
services en échange du temps, de l'argent et de la
peine qui lui ont été consacrés. Ces services, inconscient des sacrifices faits pour lui, il ne songerait évidemment pas à les offrir, si on ne les lui réclamait un
peu brutalement. On l'a fait naître, on l'a nourri, on
l'a engraissé (1) : ce n'est ni du sentiment, ni de la
reconnaissance, ni du travail qu'on lui demande en
échange; c'est tout simplement la restitution inté-
grale de tout ce qu'il a reçu, sa vie, sa peau, sa
viande, sa graisse. Ce n'est pas une création que
l'homme a faite, c'est un placement; il a converti
quelques sous en un poussin, il a ajouté à cette mo-
dique somme un peu de farine, un peu de lait et beaucoup de peine, il exige que le tout soit capitalisé

____

(1) Voir les conseils pour l'engraissement au *mois d'octobre*.

avec intérêt; et, pour cela, le poulet, choyé, dorloté, gorgé de douceurs, n'a qu'à se faire manger. Heureusement pour lui, ses facultés intellectuelles ne lui permettent pas de prévoir l'avenir et, jusqu'à l'instant fatal, il jouit de la vie, chantant encore sous la main de celui qui va en trancher le cours.

L'odyssée finale est cependant longue, sans compter les trois dernières semaines de l'existence consacrées à l'engraissement. Pendant cette dernière phase de la vie, il a au moins la compensation de l'estomac satisfait. Bien des humains s'en contenteraient. D'ailleurs, chez l'animal, pas de souffrance morale, qui est la pire de toutes les douleurs.

Au moment donc où le poulet, s'il pouvait réfléchir et se rendre un compte exact de sa propre situation, est au comble du bonheur, au moment où, après une série ininterrompue de repas des plus succulents, il est arrivé au maximum d'embonpoint que l'on puisse atteindre avant suffocation, la fermière se dispose à le porter au marché où elle le troquera contre de bons écus sonnants.

*
* *

Un beau matin, dès la pointe du jour, au lieu de recevoir le repas ordinaire, les poulets sont extraits de l'épinette ou de la salle d'engraissement et entassés, aussi serrés que possible, par 10, 15, 20 à la fois, dans de grands paniers d'osier bas, dits cageots, ou dans des caisses de bois de forme analogues recouvertes de barrettes. Ces cageots n'ont qu'une porte sur le dessus juste assez grande pour le passage d'un poulet. Par cette petite porte, l'acheteur pourra tâter, palper, soupeser chaque pièce, sans crainte de rien laisser échapper.

La fermière ne porte généralement chaque semaine au marché que de 15 à 20 poulets, rarement plus de 50. Cette quantité est suffisante pour l'occuper pendant la semaine. En remplissant ses cageots elle suppute le poids de chacun des sujets qui lui passe par les mains, en note exactement le compte et, faisant une moyenne des plus lourds et des plus faibles, calcule, à quelques sous près, la somme qu'elle devra rapporter.

Les cageots prêts sont hissés dans une carriole et l'on part trottinant au marché de la ville voisine. Ce marché se tient généralement sur une des places principales ou sur les côtés d'un boulevard, mais toujours et partout sur un emplacement trop étroit pour l'importance des apports. Aussi la cohue est-elle grande, car tout le monde, vendeurs et acheteurs, arrive à peu près au même moment. Il le faut, du reste, car le marché ouvre à heure fixe, généralement à 10 heures en été et à 11 heures en hiver, sans une minute de retard : la cloche sonne, c'est le signal de l'ouverture du marché. Avant ce signal, défense expresse, de par les règlements de police, de mettre en vente ou d'acheter. Toute infraction serait immédiatement réprimée, par un bon procès-verbal dressé par le Commisssaire ou son représentant.

Quelques minutes avant l'heure, chacun est à son poste : les vendeurs debout derrière les paniers alignés par files sur toute la longueur de la place; toutes les femmes causent entre elles du cours du dernier marché à la ville la plus proche, du poids de leurs poulets, du prix qu'elles vont demander, des chances probables de hausse et de baisse; elles constatent le nombre des acheteurs présents; X, gros enleveur est absent, les demandes vont manquer, la baisse est à craindre. — Voilà des figures qu'on ne voit pas souvent, ce sont de gros acheteurs, quand ils viennent — tenons les prix, la hausse est imminente. De leur côté, les acheteurs, le plus souvent isolés, se promènent entre les rangées de cageots, scrutant d'un air connaisseur, ce qui sera le mieux à leur convenance, ou, par groupes de trois ou quatre, enveloppés dans leurs longues blouses, supputant, d'après les cours de la veille et les fournitures à faire, le cours à établir.

Tout à coup la cloche retentit, les conversations cessent comme par enchantement et une immense clameur s'élève dans l'air : ce sont les cris à la fois rauques et perçants de plusieurs centaines de poulets que tous les acheteurs ont saisis en même temps pour les soupeser, les examiner et les marchander. Cette clameur s'atténue bientôt, car les malheureux poulets réintégrés dans leurs paniers, repris à nouveau, passant de main en main, palpés, bousculés, suspendus par les pattes ou par les ailes, cessent de crier, comme habitués, en quelques secondes, à ce nouvel exercice, et ce n'est plus qu'un immense brouhaha où se croisent les demandes, les réponses, les cris, les altercations, les bousculades. Au bout d'un quart d'heure à peine, une accalmie se produit. Petit à petit les cageots ont été fermés, c'est signe que le contenu est vendu. — Tous les achats sont terminés,

15

il ne reste plus qu'à procéder aux livraisons; c'est encore à peine l'affaire d'un quart d'heure : sur les trottoirs voisins tous les *volailleux* (acheteurs, marchands de volailles) ont déposé leurs paniers. Chaque vendeur arrive à son tour apporter là son cageot plein et, en moins de temps qu'il n'en faut pour l'écrire, le *volailleux* a saisi tous les poulets l'un après l'autre et les a fait passer du cageot du vendeur dans le sien, en les comptant soigneusement et sans jamais en laisser échapper un ; puis, avec une aisance que bien des comptables envieraient : « Vous avez 17 poulets à 3 fr. 16 sous (car on parle encore par sous pour fixer le prix — le vendeur en retire 2, l'acheteur en remet 2), cela vous fait 64 fr. 60 — et, tirant de sa poche un sac de toile contenant plusieurs centaines de francs de monnaie, il compte la somme dans la main du vendeur et passe à un autre. Bien des marchands pàient ainsi plus de 1.000 ou 1.500 francs en quelques minutes, sans autre précaution de comptabilité et sans jamais faire une erreur.

Sans même jeter un regard de regret sur ses poulets qu'elle a soignés pendant si longtemps, sans même y songer un instant, la fermière se retire serrant ses pièces blanches dans sa poche. C'est pour elle un des moments les plus heureux de la vie : le marché est terminé, elle a touché son argent!

*
* *

Aussitôt chaque acheteur amène sa charrette et charge ses cageots sur deux rangs superposés, à l'arrière, de façon à ce que le chargement ne pèse pas sur le dos du cheval et lui permette de trotter plus librement, car tous trottent et bon train. Ils mettent un certain point d'honneur à n'avoir que d'excellents chevaux et abordent facilement les prix de 1.000, 1.200 et même 1.500 francs, quand il s'agit de remonter leur cavalerie. Toutes les charrettes se ressemblent, tous les chargements sont les mêmes. Dans la voiture, aucune banquette, aucun siège ; un peu de paille au fond, et le conducteur, généralement une femme, est assis les jambes allongées et le dos appuyé à la ridelle, conduisant de côté. Les cageots n'occupant guère que la moitié de la voiture, il reste place sur le devant pour deux personnes, souvent même pour trois, le mari, la femme et l'employé ; et tous trois y prennent la même posture. En hiver, la quantité de paille est augmentée ; on ajoute force manteaux, couvertures, et souvent même un édredon et un oreiller, et, au milieu de tout cela, la femme introduit encore une chaufferette, mais jamais, par aucun temps, la voiture n'est fermée sur le devant.

Que le *volailleux* aille au marché de sa ville, à celui distant de 25 et 30 kilomètres, ou qu'il aille en Chine, son équipage est toujours le même. Aller en Chine, pour lui, est cependant le voyage le moins long. Cette locution provient tout simplement du mot d'argot *chiner* qui veut dire, « chercher ». Si le marché n'a pas été assez fourni ou si les demandes sont plus importantes que de coutume, le marchand de volailles s'en va « chiner » dans les campagnes environnantes, c'est-à-dire chercher de ferme en ferme les poulets et les lapins disponibles, et quand les paysans rencontrent sur la route un équipage de *volailleux* un jour autre que celui du marché voisin, ils disent tout naturellement : « Voilà X... parti en chine ».

Que la voiture revienne de la ville ou de la campagne, le résultat est le même pour les poulets qu'elle transporte ; il faut toujours qu'ils arrivent à l'officine où ils vont être transformés en comestibles.

****

A peine arrivée du marché, la charrette est dételée et placée sous la remise. Les cageots sont transportés dans la tuerie. Le mobilier de la pièce est simple : un demi-tonneau coupé dans le sens de la longueur, pour servir de tablier au *saigneur ;* quelques chaises ou tabourets pour les plumeuses et c'est tout. En quelques minutes chacun est à son poste. Le tueur a retiré sa blouse et sa chemise et endossé une sorte de maillot de coton sans manches, puis une cotte de grosse toile anciennement bleue, devenue d'une nuance indéfinissable. Les plumeuses s'entourent d'un tablier à peu près de même genre et préludent à leur besogne par un caquetage dominant celui des coqs et des poules.

Mais un premier cri s'élève, rauque, prolongé, qui se répétera toujours le même toutes les deux minutes : c'est celui du premier poulet que le tueur a saisi dans la cage et placé sous sa main. Ce cri n'est pas un cri de douleur, c'est celui que fait entendre tout poulet pris malgré lui, qu'on l'attrape pour le caresser, pour le faire manger ou pour le tuer. Malgré tout l'appareil qui l'entoure, malgré le sang qu'il voit couler, l'animal est tout à fait inconscient du sort qui l'attend et ses cris ne sont que l'expression ordinaire du sentiment qui lui fait défendre sa liberté et non de la souffrance physique et morale.

* *

Le tueur, tout en opérant vivement, procède avec beaucoup de méthode : il prend le poulet avec la main gauche, par les ailes, le dos de la main, ou plutôt le dos de la troisième phalange des doigts, appuyé sur le dos du poulet, et maintient le jarret de la patte droite dans la première phalange de son petit doigt formant comme un crochet. Le dos du poulet est tourné contre lui. Les ailes sont serrées par l'index et le médius de la main gauche, les deux phalanges du pouce restant disponibles et celui-ci ne faisant pression sur l'aile gauche du poulet que par la paume.

Le poulet ainsi immobilisé ne peut faire aucun mouvement. La tête est alors saisie par la main droite soit à la crête, soit à la huppe, soit au bout du bec et repliée sur la base des deux ailes où elle est alors maintenue fortement par la première phalange du pouce appuyée presque sur l'œil. Dans cette position l'oreille se trouve horizontalement placée devant l'opérateur et, par suite, l'artère carotide, qui passe immédiatement sous l'oreillon. — Alors la main droite, munie d'un petit couteau à manche large, à lame de 6 centimètres de long environ sur deux de large, et à pointe comme un couteau de poche, tranche, par un mouvement de bascule et non par une incision tirée en long, l'artère carotide ; puis la pointe du couteau est enfoncée dans la plaie sur une longueur d'environ

2 centimètres. Cette piqûre a pour but de toucher la colonne vertébrale et de déterminer, en plus de la saignée, la mort immédiate par énervation, qui, d'abord, supprime toute souffrance et ensuite produit une détente nerveuse à la suite de laquelle les plumes se détachent presque d'elles-mêmes; on peut à ce moment, et pendant que le poulet saigne, les arracher à grandes poignées sans craindre de déchirer la peau.

Aussitôt la section faite, le tueur pose son couteau, abandonne la patte qu'il maintenait par le crochet de son petit doigt et, sans changer autrement de position, laisse saigner pendant quelques secondes, puis, tournant le bras pour amener devant soi l'estomac du poulet, sans toutefois lâcher les ailes, il plume à pleine main, laissant tomber les plumes devant son tonneau, au milieu du sang. Le poulet à peu près mis à nu, ne saignant plus et ne bougeant plus, il le jette à la plumeuse la plus proche, qui se charge de l'épluchage, c'est-à-dire de l'arrachage une à une de toutes les plumes trop petites pour être saisies à la poignée. Tout cela n'a pas duré plus de deux minutes, car un tueur habile expédie ses vingt-cinq à trente poulets à l'heure et quelquefois davantage.

*
* *

Les plumeuses, toujours jasant, parfois disputant, après avoir dégrossi à la main, c'est-à-dire arraché une à une toutes les petites plumes que le doigt peut saisir, procèdent à l'épluchage au couteau. C'est la partie la plus minutieuse de leur travail, car il s'agit de saisir entre le pouce et la lame du couteau tous les petits tuyaux de plume naissante dépassant à peine la peau et profondément enracinés. Et il ne faut pas qu'il en reste un seul; car la moindre petite tache noire sur la peau blanche nuirait à la vente. Elles réservent avec soin les plumes du camail, les premières du cou formant collier près de la tête, et celles de la queue; cela fait paraître le poulet plus ramassé, avive la blancheur de la peau et constitue un indice de race.

Entre temps, les plumeuses, par un geste machinal, et que l'on croirait passé chez elles à l'état de tic, se grattent un peu partout; c'est que les poulets, si gras qu'ils soient, et principalement quand ils sont gras, sont couverts de poux. Aussitôt l'animal mort et commençant à refroidir, ceux-ci sentent en quelque sorte le terrain glisser sous eux; il leur faut, pour vivre confortablement, un climat chaud, et ils se hâtent d'émigrer avec précipitation. La plumeuse est là toute prête pour les recevoir, sans qu'ils aient à accomplir un long voyage et, comme la même femme admet ainsi tous les habitants provenant d'une quantité d'hôtes abandonnés, elle se trouve bientôt abondamment pourvue et, naturellement... il faut bien se gratter. Heureusement que la peau humaine n'est pas assez fine pour eux et qu'après avoir constaté le manque de confort de leur nouvelle demeure, ils s'en vont à la recherche de régions plus hospitalières. Ils n'ont pratiqué qu'une reconnaissance et ne tarderont pas à laisser le champ libre.

***

Sortant des mains des plumeuses, le poulet re-
passe dans celles du tueur qui, plus expéditif, a
pris l'avance sur les femmes et a, par suite, du
temps disponible. Celui-ci va procéder au *vidage* et
au *troussage*. Le *vidage* est seulement sommaire :
sans qu'il y ait besoin d'aucune incision, l'opérateur introduit son doigt dans l'intérieur du poulet
et, en formant une sorte de crochet, il attire le gros
intestin et l'extrait complètement; puis, après le
côté pile, il s'agit de vider le côté face : pour cela,
il s'assied, le plus souvent sur un cageot et, plaçant
le poulet devant soi, le dos sur ses genoux, le cou
pendant, il refoule avec la main toute la nourriture
restée dans le jabot et la pousse de façon à la faire
sortir par le bec. Quand il ne reste plus rien dans
la gave, le *vidage* est terminé. Il ne s'agit plus que
du *troussage*.

Dès ce moment, ce n'est presque plus du métier,
c'est de l'art. Il y a, chez les *volailleux*, les virtuoses
du *troussage*, dont les produits ont toujours une
plus-value sur le marché. Ils vendront aussi cher
un poulet à demi engraissé, troussé suivant toutes
les règles, qu'un poulet beaucoup plus gros qui
aura été mal présenté. Le *troussage* donne *l'œil à la
vente* et fait la renommée du marchand.

L'opération a pour but principal d'arrondir, de
supprimer les angles. Il s'agit d'abord de renfoncer
le sternum, ce qui se fait en tenant le poulet de la
main gauche par les pattes, par les ailes et la queue

réunies, et en frappant assez fortement sur la poitrine avec un bâton rond ressemblant assez à un rouleau à pâtisserie. La poitrine, une fois aplatie, les ailes sont serrées le long du corps, les pattes repliées sur l'estomac et le poulet, encore chaud, est placé sur une planche en pente où l'estomac s'aplatit encore par le poids, le croupion fortement appuyé contre le mur de façon à ce qu'il s'aplatisse également. Les poulets s'alignent ainsi par centaines dans le *magasin*. Ils restent exposés jusqu'à ce qu'ils soient complètement refroidis et que la chair, la graisse et les membres aient acquis une rigidité complète. C'est alors seulement qu'ils sont placés, sur un lit de paille bien blanche, dans les cageots qui doivent les transporter aux halles ou chez les marchands de comestibles.

*
* *

Cette manière de tuer les poulets que nous venons de décrire et que l'on pourrait appeler la manière industrielle, n'est que bien rarement appliquée dans les maisons particulières, par les bonnes, les cuisinières ou les femmes de basse-cour. Celles-ci sont convaincues qu'on ne saurait tuer un poulet sans le martyriser pendant une dizaine de minutes, en lui coupant la langue ou la trachée avec des ciseaux, en sectionnant le cou avec un couteau qui ne coupe pas et en luttant positivement avec lui contre ses derniers spasmes. Et la plupart trouvent tout naturel cet exercice barbare. Il serait cependant si simple d'apprendre à tuer un poulet comme on apprend à

15.

le faire cuire et, puisque le sacrifice est nécessaire, d'en finir au plus vite par la méthode la plus rapide et par celle qui cause le moins de souffrance. Étant donné que l'on consent, sans trop de répugnance, à donner la mort à un animal, il n'y a aucune raison pour ne pas le faire de la façon la plus correcte et pour ne pas procéder suivant les indications que nous croyons avoir données de façon suffisamment précise pour qu'il ne soit pas possible de ne pas les saisir.

Dans différents pays, notamment dans une grande partie de l'Angleterre et en Belgique, on ne saigne pas les poulets. Comme par la méthode précédente, la mort est à peu près instantanée et il n'y a pas de souffrance : le poulet est tué par allongement et séparation des anneaux de la colonne vertébrale, exactement comme on tue les lapins. — Le tueur, prenant le poulet de la main gauche, par les deux pattes, saisit la tête dans la main droite — le pouce et l'index sur la tête, derrière la crête, le médius sous le bec et, allongeant tout le corps du poulet le long de sa cuisse droite, il opère sur le cou une assez forte traction, en cassant, par une torsion de la main droite, qui se relève de droite à gauche, la colonne vertébrale. Il s'arrête dès qu'il sent, sous le pouce droit, un petit craquement indiquant la rupture des vertèbres; — un battement d'aile et c'est tout; le poulet n'a plus ensuite que quelques mouvements réflexes nerveux. Il se produit alors un phénomène assez curieux : sous l'influence de cette rupture tout le sang afflue vers la tête et forme à la gorge une poche de la grosseur d'un petit œuf, sans qu'il s'en écoule une seule goutte par le bec et, sauf cette partie qui prend une teinte violacée assez désagréable, toute la chair du corps est à peu près aussi blanche que si le poulet avait été saigné.

Les marchands de volailles anglais prétendent que cette méthode a l'avantage de ne pas faire de plaie et de favoriser ainsi la conservation des poulets pour les transports. Sans contester cet avantage, nous préférons la méthode française avec laquelle on nous envoie aux halles de Paris des poulets magnifiques et tout aussi appétissants que ceux des meilleurs marchés de Londres.

*
* *

Cependant les cuisiniers, en général, ne veulent pas de canards saignés, pas plus que des pintades, pour laisser à la chair la nuance et un peu le fumet de celle du gibier. Pour éviter de les saigner on les martyrise, la plupart du temps, de façon révoltante. Beaucoup de femmes de basse-cour, d'apprentis cuisiniers trouvent très amusant de planter une épingle dans la tête d'un canard et de le relâcher dans la cour qu'il parcourt en tous sens, affolé, jusqu'à ce qu'il tombe, parfois au bout d'une demiheure, et même plus si l'épingle a été mal plantée. Quant aux pintades, on leur tord le cou, on les étouffe et l'agonie est des plus longues. Ce sont toutes pratiques barbares plaisant surtout aux brutes.

Le moyen le plus simple et le plus rapide de tuer canards et pintades, sans les saigner, est de les pendre, en serrant très vigoureusement du premier coup le nœud coulant et en laissant suspendus jusqu'à asphyxie complète.

En somme, quelle que soit la méthode adoptée, suivant les besoins du commerce ou de la cuisine, tous les animaux de basse-cour étant destinés au sacrifice final, ce serait sensiblerie mal placée de chercher à éluder ce sacrifice, mais c'est presque un devoir, pour tout homme de sens un peu délicat, d'en atténuer les rigueurs dans la mesure du possible.

Et ce doit être aussi une satisfaction de trouver une solution facile à ce problème qui consiste à transformer de vulgaires animaux en d'excellents comestibles. De quel œil d'envie les poulets troussés et parés ne sont-ils pas lorgnés à la devanture d'un rôtisseur! Que de convoitises n'allument-ils pas dans le regard du passant parfois affamé quand, symétriquement enfilés sur de longues broches, ils rôtissent à la flamme claire et scintillante d'une vaste cheminée, dans les cuivres étincelants de laquelle ils se reflètent tout luisants de graisse et de jus odorant! Quelles ressources le poulet rôti n'offre-t-il pas? C'est un dîner tout fait pour les ménages qui n'ont ni le moyen de se donner le luxe d'une cuisinière, ni le temps de surveiller la rôtissoire; c'est le plat de résistance improvisé pour un convive inattendu; c'est un régal pour le dimanche, sur les tables où le menu de la semaine est souvent maigre; c'est la base de tout déjeuner sur l'herbe, à la campagne; c'est le mets unique et obligatoire du voyageur en chemin de fer. Enfin, quand le poulet, bourré de truffes, cuit à point, parfume d'un arome exquis la salle à manger d'un gourmet qui le découpe avec recueillement, quand sa chair savoureuse alterne, en un palais délicat, entre le Nuits et le Corton, c'est pour lui l'apothéose.

DES CROISEMENTS RATIONNELS

ET

DE LA POSSIBILITÉ D'AMÉLIORER

AU POINT DE VUE PRATIQUE

LES RACES DE POULES DE TOUS PAYS

DES CROISEMENTS RATIONNELS

ET

DE LA POSSIBILITÉ D'AMÉLIORER

AU POINT DE VUE PRATIQUE

LES RACES DE POULES DE TOUS PAYS

Dans le titre de cette étude, le mot « améliorer » n'est pas pris dans un sens purement zootechnique, mais dans le sens pratique du producteur visant un rendement supérieur. A côté du sport fort attrayant que constitue l'élevage des volailles de race pure, il y a lieu de se préoccuper de l'approvisionnement des halles et marchés, en poulets et en œufs et d'une consommation toujours croissante, toujours plus exigeante, qu'il importe de satisfaire.

Quel est, pour chaque pays, la race qui donnera la plus large satisfaction à ses exigences? Répondre d'une façon nette et précise serait bien embarrassant. Il n'est pas un pays au monde qui puisse se vanter de posséder une poule de race pure, idéale : à la fois grosse, de tempérament rustique, fine de chair, apte à l'engraissement, grande productrice d'œufs et enfin bonne mère. Là où les poules sont très grosses, la chair manque de finesse; là où elles sont excellentes pondeuses, elles manquent de volume; enfin, si elles sont grandes et fines, leur tempérament lymphatique les rend mauvaises mères et de santé délicate.

La nature se prêtant admirablement au système des compensations, l'homme peut, à sa guise, modifier ces éléments si divers, les amalgamer, pour ainsi dire, et en extraire un produit répondant exactement à ses goûts et à ses besoins. Par des croisements rationnels et judicieusement conduits, on peut partout produire une poule à peu près idéale; en tous cas, répondant mieux et plus complètement que toute race indigène aux besoins des éleveurs et assurant à ceux-ci une rémunération plus large de leurs peines.

Loin de moi l'idée, en posant ce principe, de supprimer l'élevage des races pures et de tendre à une sorte d'unification des races par une vaste entreprise de croisements sur toute la surface du globe. Ce serait folie. La première condition de réussite d'un croisement étant d'allier des éléments absolument purs, il importe, avant tout, de continuer, dans chaque contrée, à maintenir, par sélection, la race indigène dans toute sa pureté. Pour cela, nos expositions avicoles, de plus en plus répandues, l'établissement de standards par toutes les sociétés avicoles, le goût toujours croissant des aviculteurs, stimulé par les journaux spéciaux, sont les meilleurs éléments de succès. Il est de toute nécessité, pour que l'on puisse se livrer partout aux croisements améliorants, devant faciliter la production industrielle des volailles, que, de l'Orient à l'Occident, aux Indes, en Afrique, en Amérique, aussi bien que sur tous les points de l'élevage, les races de poules, si différentes, si multiples, aux qualités et aux aptitudes si diverses, soient maintenues dans toute leur pureté primitive. Ce soin incombe aux amateurs, aux aviculteurs professionnels, qui trouveront la récompense à leurs travaux, tant dans les lauriers distribués à profusion dans les expositions, que dans les prix de vente, parfois fantastiques, qu'atteignent leurs champions.

Quant aux éleveurs proprement dits, aux agriculteurs qui veulent tirer de leur basse-cour un rendement régulier, comme ils font de leur étable ou de leur bergerie, ce n'est que dans les croisements sagement appliqués qu'ils trouveront une sérieuse source de bénéfices.

Et, pour ce faire, il faut commencer par formuler ce principe : « Seule l'alliance des races d'Extrême-Orient à celles d'Occident, donne des résultats utiles et avantageux », auquel il convient d'ajouter ce conseil résultant de l'expérience, de l'observation des faits et d'une longue série d'essais : « De toutes les races pures d'Extrême-Orient, celles qui conviennent le mieux pour l'amélioration, au sens pratique du producteur et du consommateur, de nos races d'Occident, sont l'Indien et le Brahma. » Et, pour ne pas être exclusif, on peut admettre, presque au même titre, leurs plus proches analogues : le Malais et le Cochinchinois.

Et, en effet, ne voit-on pas, en Angleterre, où cependant l'on possède en quantité, des volailles

de race pure arrivées au maximum de perfection,
mais où, aussi, les éleveurs ont l'esprit pratique
par excellence, toutes les halles alimentées par un

Coq Brahma.

magnifique poulet dû au croisement de la poule
Dorking et du coq Indien ?

En Belgique, le célèbre coucou de Malines, qui
rapporte des millions aux éleveurs, tant par la
consommation locale que par l'exportation vers l'Angleterre, n'est autre que le produit de la petite poule
indigène de Braekel ou d'une poule analogue, dénommée coucou des Flandres, et vraisemblablement

des deux, avec le coq Brahma herminé de l'ancien
type à crête simple. Ce croisement remonte assurément à une date assez éloignée pour qu'aujour-
d'hui ses produits, de type bien régulier, puissent
prétendre au nom de race, mais son origine n'en
est pas moins certaine et indiscutable.

En France, la Faverolles, produit du Brahma et du
Houdan, tient la première place dans les basses-
cours de production : elle constitue la richesse de
toute la contrée Houdanaise et contribue, pour une
large part, à l'approvisionnement des halles de Paris.

En Bresse, c'est le croisement de la petite poule
locale avec des Cochinchinois et des Brahma qui
alimente les grands marchés régionaux d'où part la
majeure partie des volailles consommées en Suisse.
Partout en France, on peut et on doit faire une sorte
de Faverolles locale, en alliant les poules de race
pure de chaque contrée, ou, du moins, celles se rapprochant le plus du type de la race pure, avec des
coqs Brahma ou Indiens, suivant leur taille, leur
couleur ou leur tempérament.

En Italie, en Espagne, et dans tout le bassin médi-
terranéen, où la poule Leghorn, ou à plus proprement parler, la petite poule de Livourne à l'état
commun, serait incomparable si elle n'était d'aussi
petit volume, le coq Brahma est tout indiqué pour
apporter l'ampleur qui fait défaut. Mais comme dans
ces poules, au type général uniforme, les nuances
varient à l'infini, il faudrait choisir de préférence
celles à pattes bleues et rejeter formellement celles
à pattes jaunes. Le grand avantage du croisement
des coqs à pattes jaunes avec les poules à pattes

bleues, est que la nuance jaune, indice de chair peu délicate, disparaît complètement ou à peu près dans les produits, et dès la première génération.

Dans le sud de la Russie où se trouve une petite poule du genre de l'Italienne, qu'on a présentée depuis une dizaine d'années, dans nos expositions françaises, sous le nom de Poltawa, le coq Brahma ferait aussi le meilleur effet.

Aux Indes, au contraire, ce seraient nos coqs d'Occident, Dorking, La Flèche, Crèvecœur, Mantes, Houdan, qu'il conviendrait d'importer. De même, en Afrique, où les volailles sont généralement petites et de chair plus ou moins coriace.

Mais toujours, et dans tous les cas, c'est par le coq qu'il est intéressant d'apporter l'amélioration, en le choisissant d'origine, de taille et de tempérament opposés à ceux des poules, ces dernières étant, bien entendu, choisies d'un type aussi homogène que possible et exemptes de toute infusion de sang étranger.

Il convient aussi de tenir compte de ce fait, qu'en important un coq, il n'y a pas à se préoccuper de la question d'acclimatation. Il ne s'agit que d'un seul sujet pouvant suffire à une dizaine de poules et qu'il sera toujours facile de remplacer, en cas d'accident.

Puis, les poules étant indigènes, étant habituées au climat, à la nourriture, jouiront de toute leur vigueur, du maximum de bonne santé, et transmettront à leurs produits les mêmes aptitudes. Ceux-ci auront, en plus, les qualités nouvelles transmises par leur père et spontanément importées sans aucune période préalable d'acclimatement.

Il se présentera parfois des cas où l'on hésitera devant le croisement, dans la crainte de dénaturer un type cher aux amateurs de toute une contrée. Dans certaines provinces de l'Amérique, par exemple, le Plymouth Rock, au plumage coucou, est seul en honneur et tout poulet d'une autre couleur est *de plano* considéré comme inférieur. Le Plymouth Rock, malgré ses éminentes qualités, a cependant la peau jaunâtre et sa chair n'a pas, à beaucoup près, la finesse de nos races françaises. Rien ne serait plus facile que de lui transmettre une partie de cette finesse, sans amoindrir sa taille et sa vigueur, et tout en conservant intact son joli plumage coucou, en alliant des poules Plymouth à un coq coucou de Rennes ou à un Scotch Grey.

Par contre, en Bretagne, où la poule Coucou, si commune dans toutes les campagnes, a toutes les qualités sauf le volume, on obtiendrait la taille désirée en important des coqs Plymouth Rock, et le plumage aimé dans la région n'aurait pas changé.

L'élevage serait rendu plus facile, les bénéfices des éleveurs seraient plus grands et la transformation se serait opérée sans frais, et au cours même d'une seule année. Partout, avec quelques variantes, suivant les cas particuliers ou suivant les goûts généraux ou personnels, le même principe peut s'appliquer.

Voici, à l'appui de cette thèse générale, l'exemple de quelques cas particuliers, avec l'exposé fidèle des résultats obtenus. Outre la justification du principe, l'examen de ces résultats pourra donner lieu à quelques déductions intéressantes.

Première expérience : Réunion des deux types à peu près les plus opposés qui se puissent trouver dans l'espèce galline. D'un côté : coq Malais, ayant comme qualités poussées au maximum, sa taille, sa force, son tempérament rustique et sanguin, sa poitrine large et chargée de muscles et un riche plumage aux tons chauds; comme défauts capitaux, la patte jaune, la chair peu délicate, la forme disgracieuse, la queue étriquée, le caractère insociable. De l'autre : poule de Houdan, ayant comme qualité, une chair d'une finesse extrême, une patte fine, cailloutée grise, à cinq doigts, une forme harmonieuse, et, comme défaut, un tempérament lymphatique, une huppe trop volumineuse et gênante, une poitrine un peu étroite, un plumage noir et blanc insignifiant.

Les produits obtenus, coq et poule, sont tous deux absolument noirs : le rouge du père et le blanc de la mère ont disparu. Dans l'ensemble de la forme, il y a fusion des deux types, mais certains détails sont restés à la fois, sur le même sujet, ceux du père et ceux de la mère. La patte jaune du Malais a complètement disparu pour faire place à la patte cailloutée et à cinq doigts de la Houdan. La crête, l'œil, le bec, la physionomie sont tout à fait ceux du Malais, mais la tête a un rudiment de huppe et de gorge rappelant la Houdan; la gorge est même assez accentuée. La poitrine est large, le tempérament est excessivement rustique et l'élevage a été des plus faciles. Au résumé le coq a la taille et l'ampleur d'un fort La Flèche et la vigueur d'un pur Malais; la poule rappelle une Crève-

Coq obtenu par croisement du coq Malais
et de la poule de Houdan.

cœur qui n'aurait presque pas de huppe et un peu
de gorge et, pour expliquer quelle est sa santé, il
suffira de dire qu'elle a passé tout un hiver des plus

16

rigoureux en couchant à la belle étoile, sans paraître, pas plus que son coq, en souffrir un seul instant.

La même expérience a été faite en sens inverse, c'est-à-dire avec un coq de Houdan et une poule Malaise. Ici, comme précédemment, le plumage caillouté et roux des parents a produit une teinte noire uniforme, ce qui semblerait établir une règle à peu près fixe dans la fusion des couleurs. La patte jaune du Malais a également disparu pour faire place à celle de teinte grise et noire du Houdan. Ceci tendrait à prouver que, dans les races asiatiques, la nuance jaune de la patte n'est pas une caractéristique de première importance, puisque la fusion avec une race se rapprochant beaucoup moins du type primitif et sauvage, la fait immédiatement disparaître. D'ailleurs il est facile de remarquer que, dans une basse-cour de Cochinchinois, de Brahma ou de Malais, mal entretenue, le premier signe de dégénérescence, se produisant spontanément et sans infusion de sang étranger, est l'atténuation de la teinte vive du jaune de la patte, faisant place à une nuance terne, pâle, indécise, et bientôt au rose. On trouve très communément des Cochinchinois et des Brahma, grands et forts, présentant tous les caractères de la race pure, mais ayant les pattes roses.

Dans l'alliance du coq Malais et de la poule de Houdan les produits ont une vrai patte de Houdan, à cinq doigts; dans celle du coq de Houdan avec la poule Malaise, ils l'ont cailloutée, noirâtre, mais c'est bien la patte forte et nerveuse du Malais, avec quatre doigts. Ici, d'ailleurs, à part la nuance de la patte et celle du plumage, c'est, dans toute sa pureté, le type

Malais le plus parfait, pour la forme du corps, le
port de la queue, la tête, la crête, l'œil, le regard dur

Poule obtenue par croisement du coq Houdan
et de la poule Malaise.

et sauvage, le bec court et recourbé en oiseau de
proie ; le squelette est identique et le sternum est
aussi chargé de muscles. La poule, malgré son plumage collé au corps, la faisant paraître petite, est

d'un poids énorme et d'un tempérament des plus rustiques. La plume elle-même est bien celle du Malais, petite, courte, brillante, formant, sur le dos, comme des écailles. Les œufs de cette poule sont jaunâtres comme ceux de sa mère Malaise. Ceux de sa sœur issue de la même alliance en sens inverse, indiquée ci-dessus, sont blancs, comme ceux de sa mère, la poule de Houdan.

De l'examen de ces deux produits il est facile de se faire une opinion sur la part d'influence du coq et de la poule dans la reproduction et il semblerait logique d'en déduire cette conclusion que la femelle a joué le rôle principal.

Dans le premier cas, sa prépondérance est moins accentuée, parce qu'il faut tenir compte de la race plus primitive, plus rapprochée de l'état sauvage du coq Malais, animal sanguin, vigoureux, bien supérieur à la lymphatique poule de Houdan.

Dans le second cas, où la femelle se trouve avoir ces avantages en plus de son côté, et où l'infériorité de tempérament se trouve chez le coq, le type de la poule prédomine presque en entier au physique et au moral et c'est à peine si le sang du coq se retrouve dans un détail insignifiant, la couleur de la patte ; sa caractéristique à lui, pourtant si importante, la huppe, n'a pas laissé l'ombre d'une trace, pas plus que sa gorge et ses favoris.

*
* *

Un autre essai fut fait avec des poules La Flèche (noires), et un coq Brahma inverse (ou foncé), (Dark

Brahma, en anglais). Cette variété est celle dont la poule porte un plumage gris à mailles noires et le coq, plastron noir, queue noire, camail et lancettes argentés. — Les La Flèche, très fines, sont délicates et lymphatiques à l'excès; leur développement est des plus lents.

Le résultat fut on ne peut meilleur : les produits de croisement furent élevés simultanément avec des La Flèche purs. A l'âge de trois mois juste, les premiers, gros, rustiques, vigoureux, étaient bons à porter au marché; les seconds n'étaient encore que de grands poussins à peine formés et, à cinq mois, quand les La Flèche purs furent arrivés au même point, les autres étaient des coqs et des poules complètement adultes, à qui l'on aurait facilement donné huit mois. Et, parmi les produits de croisement, aucun n'avait souffert à l'élevage, tandis que plusieurs des autres étaient morts dans les trois premières semaines et que quelques-uns étaient restés malingres et souffreteux. A six mois juste, les poulettes croisées commençaient à pondre et leur coq avait l'ampleur et l'ardeur d'un coq de deux ans.

Le plumage des poules est d'un beau noir brillant à reflets métalliques; elles ont les pattes noires avec quelques grandes plumes assez courtes plantées sur toute la longueur du canon. La crête assez irrégulière est bien la fusion des deux auteurs. Elle est à la fois simple, dentelée et à deux feuillets sur une partie de sa longueur; elle est peu volumineuse. Le coq a son plumage noir orné d'un camail et d'un manteau dorés; sa crête est, comme celle des poules, irrégulière.

Ce qui caractérise principalement le coq et les poules, c'est la vigueur, la santé, l'ampleur et le poids,

Coq obtenu par croisement avec la poule du Mans
et le coq Indien.

qualités essentielles pour des bêtes de produit; rarement on vit aussi bonnes pondeuses. C'est à peu près l'équivalent des Malais-Houdan, décrits précédemment.

La poule du Mans, analogue à celle de La Flèche,
mais cependant de forme plus ramassée, toute noire
à crête frisée, croisée avec un coq Indien, a donné

Poule obtenue par croisement de la poule du Mans
et du coq Indien.

un produit excellent aussi en tous points et fort intéressant, à la fois rustique et précoce, à plumage
noir chez la poule, noir et doré chez le coq et d'aspect plutôt agréable.

Il résulte de ces différentes observations que toujours la poule maintient plus accentué son propre

type et que le coq vient en auxiliaire, pour l'amélioration des produits, sans les dénaturer complètement.

*
* *

Ce principe des croisements s'étend aussi bien aux palmipèdes qu'aux gallinacés.

Nous en avons, en France, un exemple bien frappant : le croisement de deux sangs bien opposés, le canard d'Inde, plus connu sous le nom de canard de Barbarie, et la cane commune a produit le mulard, qui, aux environs de Toulouse et un peu dans tout le Midi, a donné naissance à une industrie spéciale, la production des foies gras. Les canards du pays qui, cultivés seuls, ne constituaient qu'une maigre ressource, deviennent, avec le canard d'Inde, qui ne vaudrait rien par lui-même, plus gros, plus rustiques, particulièrement aptes à l'engraissement et contribuent à la fortune et à la renommée de plusieurs départements.

Enfin, le dindon sauvage, importé d'Amérique, allié à nos dindes noires de Sologne, donne un produit plus volumineux et de tempérament plus rustique que ses auteurs.

On pourrait multiplier les exemples à l'infini ; de même qu'on pourrait démontrer de façon tout aussi péremptoire l'influence néfaste des croisements irraisonnés d'animaux de même origine et de même tempérament, ne donnant que des produits inférieurs, sous tous les rapports, à leurs auteurs respectifs et incapables d'apporter aucun profit à ceux qui les cultivent. Seuls les croisements rationnels, pratiqués par des producteurs, à côté des amateurs de race pure, pourront constituer une industrie avicole. C'est grâce à eux seulement que la basse-cour peut devenir un des éléments principaux de revenus des agriculteurs, en créant un peu partout ce qu'on désigne déjà d'un mot, comme le nec plus ultra du genre : la poule de ferme; mais, cette fois, ce serait la vraie, la bonne poule de ferme.

TABLE DES MATIÈRES

———

COURS PRATIQUE D'INCUBATION ET D'ÉLEVAGE

17.

DES CROISEMENTS RATIONNELS